“十三五”职业教育规划教材

工程造价综合实训

主　编　宋丽娟　郭　晶
副主编　考志勇　尹晓静
参　编　马　涛　孙树青　李　婷
主　审　王秀英

中国电力出版社
CHINA ELECTRIC POWER PRESS

内 容 提 要

本书是“十三五”职业教育规划教材。本书分为5章，主要内容包括综合实训概述、综合实训实施、综合实训清单与报价指导、综合实训项目、综合实训答辩指导。书中主要涵盖编制建筑与装饰工程的工程量清单和招标控制价的编制过程，以及运用“互联网+”的手段通过扫描二维码获取大量完整的实训资料。

本书可作为高职高专工程造价、工程管理、工程监理及相关专业的职业能力训练的实训教材，也可作为函授教育的教学参考书及建筑工程技术人员的参考资料。

图书在版编目（CIP）数据

工程造价综合实训/宋丽娟，郭晶主编．—北京：中国电力出版社，2020.8
“十三五”职业教育规划教材
ISBN 978-7-5198-4530-8

Ⅰ.①工…　Ⅱ.①宋…②郭…　Ⅲ.①工程造价－高等职业教育－教材　Ⅳ.①TU723.3

中国版本图书馆CIP数据核字（2020）第051354号

出版发行：中国电力出版社
地　　址：北京市东城区北京站西街19号（邮政编码100005）
网　　址：http://www.cepp.sgcc.com.cn
责任编辑：霍文婵（010-63412545）郑晓萌
责任校对：黄　蓓　李　楠
装帧设计：郝晓燕
责任印制：吴　迪

印　　刷：北京天宇星印刷厂
版　　次：2020年8月第一版
印　　次：2020年8月北京第一次印刷
开　　本：787毫米×1092毫米　16开本
印　　张：9.25
字　　数：219千字
定　　价：35.00元

前　言

高等职业教育的发展方向是以社会需求为导向，重点培养专业实践能力较强的应用型人才。综合实训是工程造价专业的一门重要专业实践课程，它主要突出的是理论联系实际，运用典型案例，使学生科学、系统地掌握工程计量和计价。本书结合实训适用性的教学特点，从工程计量与计价的编制思路、方法、步骤等方面分别制订了详细的内容，结构框架分明合理，有助于学生条理性的学习；实操项目有直观的图表组合，易于学生深入分析研究，能极大地提高学生的自主能动性和实际应用能力。

本书主要特色如下：

（1）学校和校外实训企业合作编写的实训教材。教师和企业专家在多次交流后，结合实际工作过程，有针对性地提出问题点和选取典型实例，进行全面详细的指导。

（2）运用“互联网＋”。通过“互联网＋”使用二维码获取大量完整的实训资料。

本实训课程建议安排40～60学时。依据工程造价人才培养目标的要求，学生达到实训的专业能力及实训效果为前提，共设计了5章内容。第1章主要内容包括实训目的、要求、意义、方法及职业能力分析；第2章包括工程量清单编制依据的具体内容及使用方法；第3章是指导项目实训的任务书和指导书；第4章涵盖了实训项目的全过程计算及不同结构类型的实训项目，附有独立的施工图设计文件和计算表格；第5章是实训后答辩的指导及说明。本书内容编排层次分明，有利于初学者的深入学习研究，能快速掌握工程造价的学习方法。

本书由内蒙古建筑职业技术学院宋丽娟、郭晶任主编，内蒙古公诚信项目管理公司考志勇、内蒙古建筑职业技术学院尹晓静任副主编，内蒙古建筑职业技术学院马涛、北京京园诚得信工程管理有限公司孙树青、内蒙古建筑职业技术学院李婷任参编。具体编写分工为：第1章、第2章由宋丽娟编写；第3章、第5章由郭晶编写；第4章由马涛、考志勇、尹晓静、孙树青、李婷合编。全书由宋丽娟负责统稿。内蒙古建筑职业技术学院王秀英审阅了全书，并提出许多宝贵的意见和建议，内蒙古广联达科技股份有限公司杨曙光、王俊峰对本书的编写也给了许多有价值的意见，在此一并深表感谢！

由于作者水平有限，书中难免有不足之处，恳请各位同仁和读者批评指正。

编　者

2020年1月

目　录

第1章　综合实训概述

学习目标

通过对综合实训的目的、意义、内容、方法的了解，使学生清楚综合实训是做什么和怎么做；运用所学专业知识将学生应具备的职业能力构建成体系，为后续的实训奠定基础。

学习要求

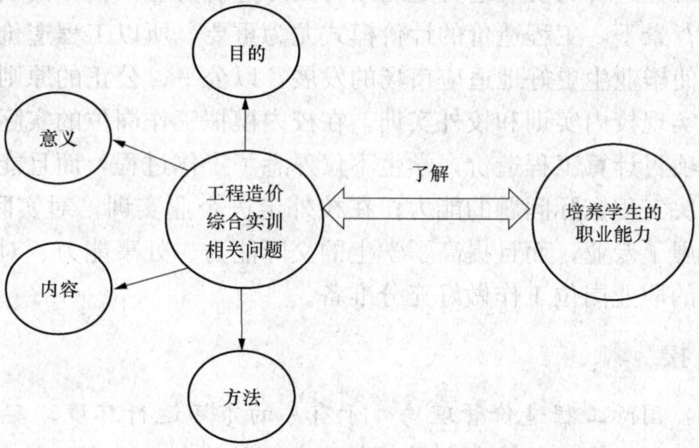

1.1 综合实训的目的及意义

1.1.1 综合实训目的

实训是职业技能实际训练的简称，是指在学校控制状态下，按照人才培养规律与目标，对学生进行职业技术应用能力训练的教学过程，一般从空间上可分为校内实训和校外实训；综合实训是在所有专业课程学习完成后，在规定的时间周内综合完成特定项目的实际训练。实训的目标就是全面提高学生的职业素质，包括专业素质和综合素质，使学生能快速适应市场的岗位需求。

现阶段，我国工程造价的发展趋势是逐渐与国际造价行业接轨，由政府指导价完全向市场定价转变。在此背景下，工程造价的计价模式尤为重要，所以工程造价综合实训采用工程量清单计价模式，使毕业生更好地适应市场的发展，以公平、公正的原则完成项目的工程造价。工程造价均可实现校内实训和校外实训，在校内模拟工作岗位的实际情况下，按照工作流程系统地对具体项目计算工程造价，学生不仅熟悉了工作过程，而且能掌握全面的专业知识和方法，提高解决工程实际问题的能力；在校外走进企业实训，对实际项目计量与计价，学生不仅加强和拓展了专业，而且提高了学生的交际能力、处事能力、对社会认知能力等综合能力，为毕业后的职业岗位工作做好充分准备。

知识链接

目前国际形势：国际工程造价管理均处于有序的市场运行环境，实行了系统化、规范化、信息化的管理，而在价格的确定和管理上以市场和社会认同为取向，在行业的管理归属上民间行业协会组织发挥着巨大作用。同时，政府的宏观调控，先进的计价依据、计价方法，发达的咨询业、多渠道的信息发布等做法，基本上代表了现行工程造价管理的国际惯例，完全适合 WTO 的基本原则。

1.1.2 实训意义

实训是高等职业学校专业人才培养的重要环节，有着十分重要的意义。工程造价专业的实训主要以培养学生动手能力、协作能力、专业技术能力为主，具体的意义如下：

（1）通过完整项目系统的实训将理论知识与工作实践有效地结合起来，增加对社会的全面了解，丰富社会实践经验，提高自身的综合素质。

（2）在工程造价实训中清单工程量的计算、综合单价的组价、工程量清单计价的编制，重复繁琐的计算，能培养学生吃苦耐劳的精神，锻炼自己承受挫折的心理素质，以利于养成良好的职业道德。

（3）编制资料的掌握和熟练运用，强化学生动手能力，提高自身专业技能，以利于掌握相关专业技术知识。

（4）以招标方或投标方的造价人员岗位要求实训实际工程项目，理论与实际相结合，解决工程上遇到的种种问题，并从中总结经验教训，以利于培养学生综合运用知识解决实际问题的能力，以及实事求是、严肃认真的科学工作态度，并使学生逐渐从学生到专业岗位的心理转变。

1.2 综合实训的内容及方法

1.2.1 综合实训内容

综合实训主要以施工图预算为主，施工图预算是招投标阶段、施工阶段、竣工阶段工程造价的依据，直接影响造价的编制和审核。施工图预算是通过完整的施工图纸，参照编制文件，准确计算出项目的工程造价。综合实训内容是通过工程实例的学习，主要完成某单项工程的建筑与装饰工程施工图预算。施工图预算采用工程量清单计价法，需编制建筑与装饰工程的工程量清单和建筑与装饰工程的工程量清单计价的编制，主要依据《建设工程工程量清单计价规范》（GB 50500—2013)、《房屋建筑与装饰工程工程量计算规范》（GB 50854—2013)。综合实训的具体内容包括：

1. 实训准备，熟悉相关资料

（1）工程施工图纸的识读，包括设计说明、建筑施工图和结构施工图。

（2）施工组织设计资料，了解施工方法、施工机械的选择、工具设备的选择等。

（3）准备《建设工程工程量清单计价规范》（GB 50500—2013)、《房屋建筑与装饰工程工程量计算规范》（GB 50854—2013)、《××地方的房屋建筑与装饰工程预算定额》及地方材料信息价格的文件，并及时翻阅、熟悉相关知识。

（4）标准图集，《平法施工图集》。

（5）教学用书，如《工程量清单计价》《建筑工程计量与计价》《平法钢筋计算》等。

2. 工程量清单的编制

工程量清单的编制主要以《房屋建筑与装饰工程工程量计算规范》（GB 50854—2013)、《建设工程工程量清单计价规范》（GB 50500—2013）等资料为依据，编制以下内容：

（1）编制分部分项工程量清单，根据图纸列项目计算工程量，包括建筑工程和装饰工程两个单位工程的项目。

（2）编制措施项目清单，由单价措施项目清单和总价措施项目清单组成。

（3）编制其他项目清单，其中包括以下内容：

1）其他项目清单与计价汇总表；

2）暂列金额明细表；

3）材料暂估单价表；

4）专业工程暂估价表；

5）计日工表；

6）总承包服务费计价表。

（4）编制规费、税金项目清单。

3. 工程量清单计价的编制

（1）组合计算各分项工程的综合单价，填写分部分项工程量清单与计价表和工程量清单综合单价分析表。

（2）组合计算各单价措施项目的综合单价，填写单价措施项目工程量清单与计价表和总价措施项目清单计价表。

（3）编制其他项目清单及计价表，项目与编制清单的其他项目相同。

（4）编制规费、税金项目清单与计价表。

（5）编制单位工程报价汇总表。

（6）编制单项工程报价汇总表。

4. 审核与装订

（1）审查清单工程量与价格的合理性。

（2）编写编制说明。

（3）填写封面，整理装订成册。

1.2.2 实训方法

工程造价综合实训以实际工程的手工计算为主，不是简单的列数学计算式，而是对数学式中的参数进行确定和准确计算，计算中可对比参照工程造价软件的计算结果。建筑工程是以分部分项工程为最小的计量项目，每个工程又包含若干分部分项工程，其计算的工作量大、过程多，必须采用科学合理的方法进行实训。工程造价综合实训可按如下方法实施：

（1）多读多看。认真识读施工图，它是计量与计价的关键过程。对比构件位置、尺寸、材料等信息，在施工图中标记重要信息。空间想象能力差的学生，可通过生活中建筑实物、模型、网络建筑视频等加强空间建筑实体的构建。多看编制施工图预算的相关资料，做到心中有数。

（2）多思考多动手。工程造价综合实训的步骤中大多以计算和制表为主，计算数据多、过程详细、结果准确，做到这些要多思考，有的项目不能直接套用公式或规则计算，要考虑周全。对计算成果反复检查，发现错误及时分析纠正。多动手就是独立计算、勤于查阅，不能存在惰性和烦躁心理，踏踏实实地完成每一过程。

（3）勤学好问，摆正心态。在实训中有指导教师，学生们遇到难题应主动问教师，得到答案后要巩固知识，加深印象。以学技术的理念、积极的心态去做实训，才能真正获得专业技能。

（4）利用好现代化的手段。比起手工计算，各款计价软件的计算速度快、准，操作简单，学生们可在实训过程中使用计算机进行操作，与手工计算对比分析。实训相关资料可以通过网络进入校园教学平台、电子图书、工程造价专业网站等下载和查阅。

1.3 职业能力分析

综合实训是学生在校阶段各项能力提升的一个关键部分，将所学专业知识运用在实际项目上，能培养学生发现问题、分析问题、解决问题的能力，以及与人沟通、协作等能力。工程造价专业的实训一般安排在毕业设计阶段，最主要培养学生的职业能力，具体职业能力是编制工程量清单的能力和编制工程量清单报价的能力。

1.3.1 编制工程量清单的能力

编制工程量清单的能力主要包括能确定工程量清单项目和会计算清单工程量。

1. 确定工程量清单项目

(1) 明确工程量清单的内容，它由分部分项工程量清单、措施项目清单、其他项目清单、规费和税金项目清单组成。

(2) 确定工程量清单项目的能力。

1) 能根据施工图设计的全部内容，从房屋建筑与装饰工程工程量计算规范中找到对应的分部分项工程项目。

2) 能根据施工图设计的全部内容和房屋建筑与装饰工程工程量计算规范中工程内容的说明，确定该分部分项工程项目所包含的全部内容。

3) 能根据招标文件要求列出全部措施项目的清单项目、其他项目的清单项目、规费和税金的清单项目。

2. 会计算清单工程量

(1) 识读施工图的能力。能看懂施工图，通过识读施工图的平面、立面、剖面，学生想象空间里能构建出一个完整的建筑物。

(2) 正确列出清单项目编码、项目特征的能力。根据施工图和房屋建筑与装饰工程工程量计算规范，正确列出清单工程量的项目编码，正确描述清单项目特征。在编制工程量清单时，项目特征描述的正确与否直接影响后续的工程量清单计价，它既是计量过程中的基本能力又是重要能力。

(3) 正确计算清单工程量。完全理解房屋建筑与装饰工程工程量计算规范中的计算规则，正确运用工程量计算规则计算清单工程量。

1.3.2 编制工程量清单报价的能力

学生在编制工程量清单报价时应具备的能力有准确编制综合单价、能计算分部分项工程量清单项目费、能计算措施项目清单费、能计算其他项目清单费、能计算规费及税金项目清单费、能计算单位工程工程量清单报价。

1. 准确编制综合单价

编制准确综合单价的能力具体包括以下：

(1) 能根据清单工程量、建设工程工程量清单计价规范、施工图、地方的房屋建筑与装饰工程确定预算定额。

(2) 能根据市场行情结合地方人工费的定额单价确定人工单价。

(3) 能根据建筑材料市场定价与地方发布的材料信息相结合确定材料单价。

(4) 能根据建筑机械市场价结合定额机械单价确定机械台班单价。

(5) 根据地方综合测算的企业管理费率和利润率，结合企业情况、工程规模、技术含量等确定合理的企业管理费率和利润率。

(6) 能根据房屋建筑与装饰工程工程量计算规范、施工图纸计算清单工程量。

(7) 能根据地方的房屋建筑与装饰工程预算定额的定额消耗量和人工、材料、机械单价确定人工费、材料费、机械费、管理费、利润。

(8) 根据以上数据计算出综合单价。

2. 能计算分部分项工程量清单项目费

正确填写“分部分项工程量清单与计价表”的内容，包括项目编码、项目特征描述、计量单位、清单工程量、综合单价，通过计算确定分部分项工程量清单项目费。

3. 能计算措施项目清单费

（1）正确填写及计算“措施项目清单与计价表（一）”和“措施项目清单与计价表（二）”的全部内容。

（2）专业措施项目（如脚手架、模板及支架、垂直运输等）能根据预算定额中的人材机定额单价及消耗量、措施清单确定综合单价。

（3）通用措施项目（如安全文明施工费、冬雨期施工费、已完未完保护费等）能根据地方有关文件确定计算基础及费率。

4. 能计算其他项目清单费

（1）能根据招标人发布的工程量清单的“暂列金额”数额，计入投标总价的暂列金额明细表和其他项目清单与计价汇总表内。

（2）招标人暂定的“专业工程暂估价”计入投标总价的其他项目清单与计价汇总表内。

（3）能根据“暂定工程量”和自主确定的计日工单价填写计日工表。

（4）确定总承包服务费，汇总上述内容和计算其他项目清单与计价汇总表。

5. 能计算规费及税金项目清单费

（1）能根据现行定额及文件确定工程排污费、社会保障费、住房公积金等规费的计算基础及费率并进行计算。

（2）能根据行业建设主管部门颁发的文件确定增值税的税率和计算基础并进行计算。

（3）汇总上述内容和计算规费、税金项目清单与计价表。

6. 能计算单位工程工程量清单报价

（1）能准确填写单位工程报价汇总表。

（2）能根据工程概况、报价范围、清单报价编制依据等编写报价总说明。

（3）能根据总价和有关信息填写报价封面。

知识链接

工程结算是指施工企业按照承包合同和已完工程量向建设单位（业主）办理工程价清算的经济文件。一般政府投资项目建设周期长、耗用资金大，为使施工企业的耗用资金及时得到补偿，需要对工程价款进行中间结算（进度款结算）、年终结算和竣工结算。毕业生应具备编制工程结算的能力，而工程量清单报价是编制工程结算的基础。工程结算的能力应能根据施工合同、工程变更、工程签证、工程量清单报价书及建设部门颁发的有关文件等进行谈判，全面准确地调整工程结算价格。

第2章 综合实训实施

学习目标

通过本章的学习，使学生系统地掌握编制建筑与装饰工程工程量清单计价的相关知识，培养学生能识图、懂规范、会计算的专业能力；能够发现和理解专业知识间的内在关系，思路清晰，培养学生勤思考、多动手、会分析的基本能力。

学习要求

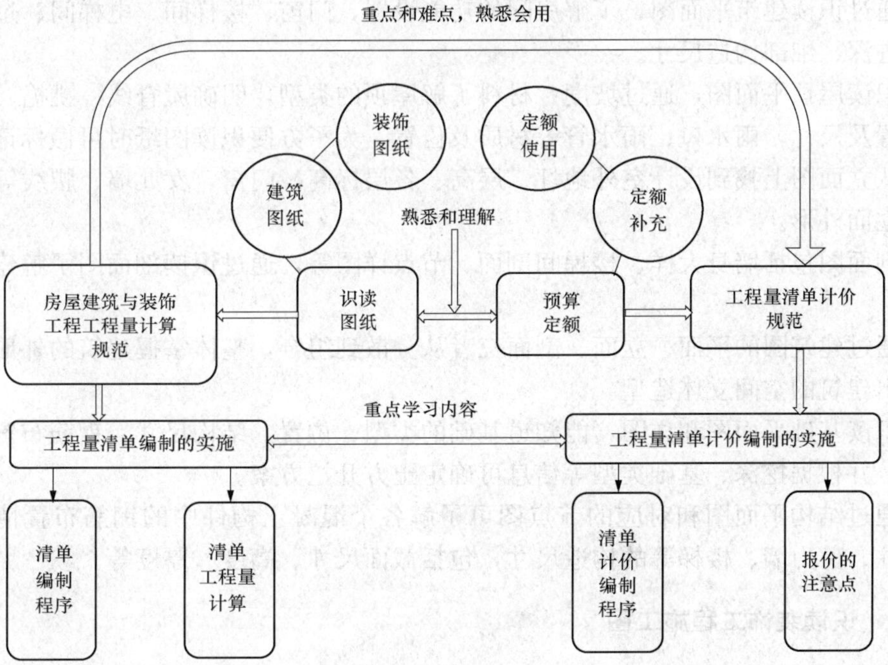

2.1 识 读 图 纸

识读图纸是工程量计算的基础，如果学生头脑中能形成建筑物清晰的模型，证明图纸外观已基本识读清楚。一般建筑图纸由建筑设计和结构设计构成，建筑设计按专业可划分为建筑工程和装饰工程，而结构设计的内容属于建筑工程专业。熟悉图纸的关键是先要熟悉建筑设计说明和结构设计说明，说明中涵盖许多与计量计价相关的信息，学生在仔细阅读说明的同时可用铅笔标记出重要信息，后续设计中需要借助信息理解图纸或计算时容易找到，既节省时间，又增加设计效率，标记内容如建筑面积、结构类型、材料种类及强度等级、构件尺寸、钢筋信息等。

2.2.1 识读建筑工程施工图

(1) 通过识读建筑平面图，了解房间的功能设置，门窗、楼梯间、电梯间、过道等位置及开间、进深、细部构造尺寸。

(2) 识读屋顶平面图，通过坡度、材料了解屋顶的类型，明确屋脊线、挑檐、女儿墙等构件的位置及尺寸，雨水口、雨水管等材质及位置，为了方便识读图纸时可做标记。

(3) 从立面图上找到设计室外地坪、层高、各层标高，门窗、女儿墙、腰线等位置，清楚建筑的立面外形。

(4) 剖面图包括墙身大样、楼梯间剖面、节点详图等，通过识读剖面图了解建筑的内部构造。

(5) 通过建筑图的平面、立面、剖面三者从分散到组合，整体掌握建筑的外形轮廓，学生能想象出建筑的空间立体造型。

(6) 识读基础平面图和详图，能知道基础的类型、位置、结构尺寸、钢筋布置情况、材料种类等，并根据挖深、基础类型等信息可确定土方开挖方案。

(7) 通过结构平面图和对应的节点图可了解各个混凝土构件中的钢筋布置情况，掌握梁、板、柱、剪力墙、楼梯等的构造尺寸，包括截面尺寸、高度、厚度等。

2.2.2 识读装饰工程施工图

(1) 通过图纸和图纸中的室内装修表，识读楼地面工程的部位及工程做法，掌握装饰使用的材料及设计尺寸，装饰部位有室内地面、楼面、踢脚线、楼梯。

(2) 通过识读装饰工程立面图，掌握墙柱面装饰与隔断、幕墙工程和门窗工程的位置、工程做法、使用的材料及设计尺寸，装饰部位包括墙立面、柱立面、门窗。

(3) 通过识读顶棚装饰施工图，掌握装饰使用的材料及设计尺寸。

(4) 通过识读平面、立面、剖面图，掌握油漆、涂料、裱糊工程的施工位置及使用材料和设计尺寸。

2.2 熟 悉 预 算 定 额

预算定额是清单计价的主要编制依据，根据识读的图纸，能熟悉工程相应的定额子目并能确定定额人工费、材料费、机械费、管理费和利润，通过定额项目费用计算清单综合单价。因此，建设工程工程量清单计价规范、房屋建筑与装饰工程工程量计算规范需结合地方建设工程计价依据进行计算。

1. 预算定额的使用

(1) 根据施工图纸、清单项目及工程内容，判断套用定额项目的准确性。

(2) 辨别同一分项工程或措施项目定额工程量和清单工程量计算规则的不同。

(3) 根据相应项目的人工、材料、机械台班的定额消耗量，通过工料分析的方法能确定项目人工、材料、机械的消耗数量。

(4) 根据定额人工、材料、机械台班单价，通过价差调整的方式调整为当期的价格。

2. 预算定额的换算

(1) 按预算定额说明，进行有关定额项目人工、材料、机械台班价格乘系数的换算和增减费用的换算。

(2) 使用《混凝土及砂浆配合比价格》对定额项目的价格及消耗量进行换算。

3. 预算定额的补充

根据现场测定的定额数据资料，补充由于新工艺、新材料出现缺项的项目，并将补充项目上报工程造价主管部门备案。

知识拓展

消耗量定额反映的是人工、材料、机械台班的消耗量标准，适用于市场经济条件下建筑安装工程计价，体现了工程计价“量价分离”的原则；而传统的预算定额是计划经济的产物，“量价合一”，不利于新形势下工程造价的形成。工程量清单报价时，招标方可根据地方性消耗量定额进行综合单价的组价及调整；投标方应按企业定额进行计算，如没有企业定额时可根据企业自身情况参照消耗量定额进行调整。

2.3 熟悉工程量清单计价规范

使用《建设工程工程量清单计价规范》(GB 50500—2013)，学生应熟悉的内容如下：

(1) 该规范适用于建设工程发承包及实施阶段的计价活动。

(2) 建设工程发承包及实施阶段的工程造价应由分部分项工程费、措施项目费、其他项目费、规费和税金组成。

(3) 招标工程量清单、招标控制价、投标报价、工程计量、合同价款调整、合同价款结算与支付，以及工程造价鉴定等工程造价文件的编制与核对，应由具有专业资格的工程造价专业人员承担。

(4) 建设工程发承包及实施阶段的计价活动应遵循客观、公正、公平的原则。

(5) 建设工程发承包及实施阶段的计价活动，除应符合该规范外，尚应符合国家现行有关标准的规定。

2.3.1 计价方式

(1) 实行工程量清单计价应采用综合单价法，是指完成一个规定清单项目所需的人工费、材料和工程设备费、施工机具使用费和企业管理费、利润，以及一定范围内的风险费用。不论是分部分项工程项目、措施项目、其他项目，还是以单价或总价形式表现的项目，其综合单价的组成内容均相同。

（2）措施项目清单中的安全文明施工费按国家或省级、行业建设主管部门的规定费用标准计算，不得作为竞争性费用。招标人不得要求投标人对该项费用进行优惠，投标人也不得将该项费用参与市场竞争。

（3）规费和税金必须按国家或省级、行业建设主管部门的规定计算，不得作为竞争性费用。

2.3.2 工程量清单编制

1. 主要内容

采用工程量清单方式招标发包，招标人应负责编制招标工程量清单，清单应由具有编制能力的招标人，或受其委托的具有相应资质的工程造价咨询人或招标代理人编制。招标人必须将工程量清单作为招标文件的组成部分，其准确性和完整性由招标人负责。招标工程量清单是工程量清单计价的基础，应作为编制招标控制价、投标报价、计算或调整工程量、工程索赔等的依据之一，其编制依据为：

（1）该规范和相关工程的国家计量规范。

（2）国家或省级、行业建设主管部门颁发的计价定额和办法。

（3）建设工程设计文件及相关资料。

（4）与建设工程有关的标准、规范、技术资料。

（5）拟定的招标文件。

（6）施工现场情况、地质勘察水文资料、工程特点及常规施工方案。

（7）其他相关资料。

2. 工程量清单编制要求

招标工程量清单应以单位（项）工程为单位编制，包括分部分项工程项目清单、措施项目清单、其他项目清单、规费和税金项目清单。

（1）分部分项工程项目。分部分项工程项目清单必须载明项目编码、项目名称、项目特征、计量单位和工程量，这五个要件在分部分项工程项目清单的组成中缺一不可；由于现行国家标准将计价与计量规范分设，单位工程的分部分项工程项目清单必须根据相关工程现行国家计量规范编制。

知识链接

现行国家标准建筑工程计价与计量规范分设的内容有《建设工程工程量清单计价规范》（GB 50500—2013）、《房屋建筑与装饰工程工程量计算规范》（GB 50854—2013）、《仿古建筑工程工程量计算规范》（GB 50855—2013）、《通用安装工程工程量计算规范》（GB 50856—2013）、《市政工程工程量计算规范》（GB 50857—2013）、《园林绿化工程工程量清单计算规范》（GB 50858—2013）、《矿山工程工程量计算规范》（GB 50859—2013）、《构筑物工程工程量计算规范》（GB 50860—2013）、《城市轨道交通工程工程量计算规范》（GB 50861—2013）、《爆破工程工程量计算规范》（GB 50862—2013）。

（2）措施项目。措施项目清单的编制考虑因素很多，除工程本身因素外，还涉及水文、气象、环境、安全等因素，由于因素太多不能全部列出，除计量规范附录中列出的专业措施及通用措施外，可根据工程的具体情况对措施项目清单作补充。措施项目中可计算工程量的项目清单按照分部分项工程量清单的方式编制，又称为"单价项目"；不能计算工程量的项目清单，以"项"为计量单位，又称为"总价项目"。措施项目见表2-1。

表2-1　措施项目

序号	措施项目类别		项目名称
1	通用措施	总价项目	安全文明施工（含环境保护、文明施工、安全施工、临时施工）
2			夜间施工
3			非夜间施工照明
4			二次搬运
5			冬雨季施工
6			地上、地下设施，建筑物的临时保护设施
7			已完工程及设备保护
8		单价项目	施工排水
9			施工降水
10			大型机械设备进出场及安拆
11	专业措施		脚手架工程
12			混凝土模板及支架（撑）
13			垂直运输
14			超高施工增加

注　1. 措施项目清单应根据拟建工程的实际列项。
2. 通用措施项目可按此表选择列项。
3. 专业措施为房屋建筑与装饰工程的项目，其他专业可按附录中的规定项目选择列项。

（3）其他项目。

1）暂列金额。招标人在工程量清单中暂定并包括在合同价款中的一笔款项。工程建设过程中会存在一些不可预见、不能确定的因素影响，直接影响合同价格的调整，调整的金额被预先计划和留出，因而设立暂列金额。

2）暂估价。用于支付必然要发生但暂时不能确定价格的材料及专业工程金额。分部分项工程项目清单综合单价中的暂估价应只是材料、工程设备费；专业工程的暂估价应是综合暂估价，包括除规费和税金以外的管理费、利润等。

3）计日工。对完成零星工作所消耗的人工工时、材料数量、施工机械台班进行计量。计日工适用的零星工作一般指合同约定之外或者因变更产生的、工程量清单中没有相应项目的额外工作。

4）总承包服务费。总承包人为配合协调发包人进行的专业工程发包，对发包人自行采购的材料、工程设备等进行保管，以及施工现场管理、竣工资料汇总整理等服务所需的费用。

（4）规费和税金。作为政府和有关权力部门规定必须缴纳的费用，在编制规费和税金项目清单时按规定列项。

2.3.3 招标控制价

国有资金投资的建设工程招标，招标人必须编制招标控制价，规定最高投标限价。招标人编制的招标控制价不应进行上浮或下调，体现招标的公平、公正性。

1. 招标控制价编制与复核的依据

(1)《建设工程工程量清单计价规范》(GB 50500—2013)。

(2) 国家或省级、行业建设主管部门颁发的计价定额和办法。

(3) 建设工程设计文件及相关资料。

(4) 与建设工程有关的标准、规范、技术资料。

(5) 拟定的招标文件及招标工程量清单。

(6) 施工现场情况、工程特点及常规施工方案。

(7) 工程造价管理机构发布的工程造价信息，当工程造价信息没有发布时，参照市场价。

(8) 其他相关资料。

2. 招标控制价编制的要求

(1) 分部分项工程和措施项目中的单价项目，应根据拟定的招标文件和招标工程量清单项目中的特征描述及有关要求确定综合单价措施项目费中的总价项目应根据拟定的招标文件和常规施工方案计价。

(2) 其他项目费计价，暂列金额应按招标工程量清单中列出的金额填写，一般由招标人根据工程特点、工期长短，按有关计价规定进行估算确定，可以按分部分项工程费的10%～15%为参考；暂估价中的材料、工程设备单价应按招标工程量清单中列出的单价计入综合单价，材料单价可参考市场价格或工程造价信息价；暂估价中的专业工程金额应按招标工程量清单中列出的金额填写；计日工应按招标工程量清单中列出的项目根据工程特点和有关计价依据确定综合单价；总承包服务费应根据招标工程量清单列出的内容和要求估算。

(3) 规费和税金应按《建设工程工程量清单计价规范》(GB 50500—2013) 规定计算。

2.3.4 投标报价

投标报价不得低于工程成本，投标人必须按招标工程量清单填报价格。项目编码、项目名称、项目特征、计量单位、工程量必须与招标工程量清单一致。投标总价应当与分部分项工程费、措施项目费、其他项目费和规费、税金的合计金额一致，且投标人只允许有一个报价。

1. 投标报价编制与复核的依据

(1)《建设工程工程量清单计价规范》(GB 50500—2013)。

(2) 国家或省级、行业建设主管部门颁发的计价办法。

(3) 企业定额，国家或省级、行业建设主管部门颁发的计价定额和计价办法。

(4) 建设工程设计文件及相关资料。

(5) 与建设工程有关的标准、规范、技术资料。

(6) 招标文件、招标工程量清单及其补充通知、答疑纪要。

(7) 施工现场情况、工程特点及投标时拟定的施工组织设计或施工方案。

(8) 工程造价管理机构发布的工程造价信息或市场价格信息。

(9) 其他相关资料。

2. 投标报价编制的要求

(1) 分部分项工程和措施项目中的单价项目，应根据拟定的招标文件和招标工程量清单项目中的特征描述及有关要求确定综合单价。措施项目费中的总价项目应根据招标文件及投标时拟定的施工组织设计或施工方案计价，费用由投标人自主确定，但是安全文明施工费必须按照规范的规定确定。

(2) 其他项目费计价，暂列金额应按其他项目清单中列出的金额填写，不得变动；暂估价中的材料、工程设备应按照暂估单价计入综合单价，暂估价中的专业工程金额应按其他项目清单中列出的金额填写，不得变动和更改；计日工应按其他项目清单中列出的项目和估算的数量，自主确定各项综合单价并计算费用；总承包服务费应依据招标文件中列出的分包专业工程内容和供应材料、设备情况自主确定。

(3) 规费和税金应按《建设工程工程量清单计价规范》(GB 50500—2013) 规定计算。

2.4 熟悉《房屋建筑与装饰工程工程量计算规范》(GB 50854—2013)

《房屋建筑与装饰工程工程量计算规范》(GB 50854—2013) 主要包括总则、术语、工程计量、工程量清单编制、附录，其中附录 A～附录 K 为建筑工程分部分项的工程量计算规范，附录 L～附录 Q 为装饰工程分部分项的工程量计算规范，附录 R 为拆除工程、附录 S 为措施项目。

工程量清单应根据附录规定的项目编码、项目名称、项目特征、计量单位和工程量计算规则、工作内容进行编制。分部分项工程项目及单价措施项目附录见表 2-2，总价措施项目附录见表 2-3。

表 2-2　　分部分项工程项目及单价措施项目附录

表×　××工程（编号：01××××）

项目编码	项目名称	项目特征	计量单位	工程量计算规则	工作内容
010101001	平整场地	1. 土壤类别 2. 弃土运距 3. 取土运距	m^2	按设计图示尺寸以建筑物首层建筑面积计算	1. 土方挖填 2. 场地找平 3. 运输
…	…	…	…	…	…

表 2-3　　总价措施项目附录

安全文明施工及其他措施项目（011707）

项目编码	项目名称	工作内容及包含范围
011707001	安全文明施工	1. 环境保护：…… 2. 文明施工：…… 3. 安全施工：…… 4. 临时设施：……
…	…	…

1. 项目编码

工程量清单的项目编码，采用 12 位阿拉伯数字表示，1～9 位应按附录的规定设置，10～12 位应根据拟建工程的工程量清单项目名称和项目特征设置，同一招标工程的项目编码不得有重码。各位数字的含义是：

1、2 位为专业工程代码，例如，01—房屋建筑与装饰工程；02—仿古建筑工程；03—通用安装工程；04—市政工程；05—园林绿化工程；06—矿山工程；07—构筑物工程；08—城市轨道交通工程；09—爆破工程。

3、4 位为附录分类顺序码，例如，附录 A 土石方工程为 01，附录 B 地基处理与边坡支护工程为 02，附录 L 楼地面装饰工程为 11 等。

5、6 位为分部工程顺序码。

7～9 位为分项工程项目名称顺序码。

10～12 位为清单项目名称顺序码。

工程建设中新材料、新技术、新工艺等不断涌现，规范所列的清单项目不可能包含所有项目，当编制工程量清单出现附录中未包括的项目时，编制人应作补充，具体做法如下：

(1) 补充项目的编码由《房屋建筑与装饰工程工程量计算规范》(GB 50854—2013) 的代码 01 与 B 和 3 位阿拉伯数字组成，并应从 01B001 起顺序编制，同一招标工程的项目不得重码。

(2) 将编制的补充项目报省级或行业工程造价管理机构备案。

(3) 在工程量清单中应补充项目名称、项目特征、计量单位、工程量计算规则和工作内容。

2. 项目名称

工程量清单的项目名称应按附录中规定的项目名称，结合拟建工程的实际确定。

3. 项目特征

工程量清单的项目特征是确定一个清单项目综合单价不可缺少的重要依据，在编制工程量清单时，必须对项目特征进行准确和全面的描述。但有些项目特征用文字往往又难以准确和全面的描述。为达到规范、简捷、准确、全面描述项目特征的要求，在描述工程量清单项目特征时应按以下原则进行：

(1) 项目特征描述的内容应按附录中的规定，结合拟建工程的实际，能满足确定综合单价的需要。

(2) 若采用标准图集或施工图纸能够全部或部分满足项目特征描述的要求，项目特征描述可直接采用详见××图集或××图号的方式。对不能满足项目特征描述要求的部分，仍应用文字描述。

4. 计量单位

《房屋建筑与装饰工程工程量计算规范》(GB 50854—2013) 附录中有两个或两个以上计量单位的，应结合拟建工程项目的实际情况，确定其中一个为计量单位。同一工程项目的计量单位应一致，同时工程计量的每一项目汇总的有效位数应遵守下列规定：

(1) 以"t"为单位，应保留小数点后：3 位数字，第 4 位小数四舍五入。

(2) 以"m、m^2、m^3、kg"为单位，应保留小数点后 2 位数字，第 3 位小数四舍五入。

(3) 以"个、件、根、组、系统"为单位，应取整数。

5. 工程量计算规则

工程量清单中所列工程量应按附录中规定的工程量计算规则计算。分部分项工程不同的计量单位，其工程量计算规则是不一样的。

6. 工作内容

《房屋建筑与装饰工程工程量计算规范》(GB 50854—2013) 各项目仅列出了主要工作

项目，除另有规定和说明者外，应视为已经包括完成该项目所列或未列的全部工作内容。

《房屋建筑与装饰工程工程量计算规范》（GB 50854—2013）对现浇混凝土工程项目“工作内容”中包括模板工程的内容，同时又在措施项目中单列了现浇混凝土模板工程项目。本条既考虑了各专业的定额编制情况，又考虑了使用者方便计价，对现浇混凝土模板采用两种方式进行编制，即对现浇混凝土工程项目，一方面“工作内容”中包括模板工程的内容，以 m^3 计量，与混凝土工程项目一起组成综合单价；另一方面在措施项目中单列了现浇混凝土模板工程项目，以 m^2 计量，单独组成综合单价。对此，就有三层内容：

（1）招标人根据工程的实际情况在同一个标段（或合同段）中选择以上一种方式。

（2）招标人若采用单列现浇混凝土模板工程，必须按《房屋建筑与装饰工程工程量计算规范》（GB 50854—2013）所规定的计量单位，项目编码、项目特征描述列出清单，同时，现浇混凝土项目中不含模板的工程费用。

（3）招标人若不单列现浇混凝土模板工程项目，不再编列现浇混凝土模板项目清单，现浇混凝土工程项目的综合单价中包括模板的工程费用。

《房屋建筑与装饰工程工程量计算规范》（GB 50854—2013）对预制混凝土构件按现场制作编制项目，“工作内容”中包括模板工程，不再另列。若采用成品预制混凝土构件，构件成品价（包括模板、钢筋、混凝土等所有费用）应计入综合单价中，即成品出厂价格及运杂费等计入综合单价。

2.5 工程量清单编制的实施

2.5.1 工程量清单编制的程序

工程量清单编制要按照编制依据、内容组成等相关信息进行，编制程序如图 2-1 所示。

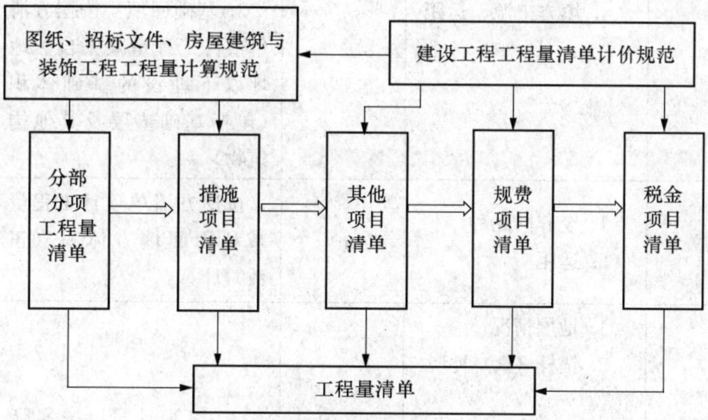

图 2-1 工程量清单编制程序示意图

2.5.2 清单工程量的计算

1. 分部分项工程常用清单项目工程量计算

分部分项工程常用清单项目工程量计算，必须熟悉其工程量计算规则及项目特征，建筑工程常用清单项目工程量计算内容见表 2-4，装饰工程常用清单项目工程量计算内容见表 2-5。

表 2-4 建筑工程常用清单项目工程量计算内容

项目编码	项目名称	项目特征	计量单位	工程量计算规则	工作内容
010101001	平整场地	1. 土壤类别 2. 弃土运距 3. 取土运距	m^2	按设计图示尺寸以建筑物首层建筑面积计算	1. 土方挖填 2. 场地找平 3. 运输
010101002	挖一般土方	1. 土壤类别 2. 挖土深度 3. 弃土运距	m^3	按设计图示尺寸以体积计算	1. 排地表水 2. 土方开挖 3. 围护（挡土板）、支撑 4. 基底钎探 5. 运输
010101003	挖沟槽土方			按设计图示尺寸以基础垫层底面积乘以挖土深度计算	
010101004	挖基坑土方				
010101007	管沟土方	1. 土壤类别 2. 管外径 3. 挖沟深度 4. 回填要求	1. m 2. m^3	1. 以米计量，按设计图示以管道中心线长度计算。 2. 以立方米计量，按设计图示管底垫层面积乘以挖土深度计算；无管底垫层按管外径的水平投影面积乘以挖土深度计算。不扣除各类井的长度，井的土方并入	1. 排地表水 2. 土方开挖 3. 围护（挡土板）、支撑 4. 运输 5. 回填
010103001	回填方	1. 密实度要求 2. 填方材料品种 3. 填方粒径要求 4. 填方来源、运距	m^3	按设计图示尺寸以体积计算。 1. 场地回填：回填面积乘平均回填厚度。 2. 室内回填：主墙间面积乘回填厚度，不扣除间隔墙。 3. 基础回填：按挖方清单项目工程量减去自然地坪以下埋设的基础体积（包括基础垫层及其他构筑物）	1. 运输 2. 回填 3. 压实
010103002	余方弃置	1. 废弃料品种 2. 运距	m^3	按挖方清单项目工程量减利用回填方体积（正数）计算	余方点装料运输至弃置点
010103002	锚杆（锚索）	1. 地层情况 2. 锚杆（索）类型、部位 3. 钻孔深度 4. 钻孔直径 5. 杆体材料品种、规格、数量 6. 浆液种类、强度等 7. 预应力	1. m 2. 根	1. 以米计量，按实际图示尺寸以钻孔深度计算。 2. 以根计量，按设计图示数量计算	1. 钻孔、浆液制作、运输、压浆 2. 锚杆（锚索）制作、安装 3. 张拉锚固 4. 锚杆（锚索）施工平台搭设、拆除

续表

项目编码	项目名称	项目特征	计量单位	工程量计算规则	工作内容
010202008	土钉	1. 地层情况 2. 钻孔深度 3. 钻孔直径 4. 置入方法 5. 杆体材料品种、规格、数量 6. 浆液种类、强度等级			1. 钻孔、浆液制作、运输、压浆 2. 土钉制作、安装 3. 土钉施工平台搭设、拆除
010202009	喷射混凝土、水泥砂浆	1. 部位 2. 厚度 3. 材料种类 4. 混凝土（砂浆）类别、强度等级	m^2	按设计图示尺寸以面积计算	1. 修整边坡 2. 混凝土（砂浆）制作、运输、喷射、养护 3. 钻排水孔、安装排水管 4. 喷射施工平台搭设、拆除
010202010	混凝土支撑	1. 部位 2. 混凝土强度等级 3. 混凝土种类	m^3	按设计图示尺寸以体积计算	1. 模板（支架或支撑）制作、安装、拆除、堆放、运输及清理模内杂物、刷隔离剂等 2. 混凝土制作、运输、浇筑、振捣、养护
010202011	钢支撑	1. 部位 2. 钢材品种、规格 3. 探伤要求	t	按设计图示尺寸以质量计算。不扣除孔眼质量，焊条、铆钉、螺栓等不另增加质量	1. 支撑、铁件制作（摊销、租赁） 2. 支撑、铁件安装 3. 探伤 4. 刷漆 5. 拆除 6. 运输
010401003	实心砖墙	1. 砖品种、规格、强度等级 2. 墙体类型 3. 砂浆强度等级、配合比	m^3	按设计图示尺寸以体积计算。扣除门窗洞口、过人洞、空圈、嵌入墙内的钢筋混凝土柱、梁、圈梁、挑梁、过梁及凹进墙内的壁龛、管槽、暖气槽、消火栓箱所占体积，不扣除梁头、板头、门窗走头、加固钢筋、铁件、钢管及单个面积小于或等于0.3m^2的孔洞所占的体积。凸出墙面的腰线、压顶、窗台线、门窗套的体积也不增加	1. 砂浆制作、运输 2. 砌砖 3. 刮缝 4. 砖压顶砌筑 5. 材料运输
010401004	多孔砖墙				

续表

项目编码	项目名称	项目特征	计量单位	工程量计算规则	工作内容
010401005	空心砖墙			1. 墙长度：外墙按中心线、内墙按净长计算。 2. 墙高的确定： (1) 外墙：与钢筋混凝土楼板隔层者算至板顶。平屋顶算至钢筋混凝土板底。 (2) 内墙：有钢筋混凝土楼板隔层者算至楼板顶，有框架梁时算至梁底	1. 砂浆制作、运输 2. 砌砖 3. 刮缝 4. 砖压顶砌筑 5. 材料运输
010404001	垫层	垫层材料种类、配合比、厚度	m^3	按设计图示尺寸以立方米计算	1. 垫层材料的拌制 2. 垫层铺设 3. 材料运输
010501001	垫层（混凝土）	1. 混凝土种类 2. 混凝土强度等级	m^3	按设计图示尺寸以体积计算。不扣除构件内钢筋、预埋铁件和伸入承台基础的桩头所占体积	1. 模板及支撑制作、安装、拆除、堆放、运输及清理模内杂物、刷隔离剂等 2. 混凝土制作、运输、浇筑、振捣、养护
010501002	带形基础				
010501003	独立基础				
010501004	满堂基础				
010502001	矩形柱	1. 混凝土种类 2. 混凝土强度等级	m^3	按设计图示尺寸以体积计算。不扣除构件内钢筋、预埋铁件所占体积	1. 模板及支撑制作、安装、拆除、堆放、运输及清理模内杂物、刷隔离剂等 2. 混凝土制作、运输、浇筑、振捣、养护
010502002	构造柱				
010503002	矩形梁	1. 混凝土种类 2. 混凝土强度等级	m^3	按设计图示尺寸以体积计算。伸入墙内的梁头、梁垫并入梁体积内	1. 模板及支撑制作、安装、拆除、堆放、运输及清理模内杂物、刷隔离剂等 2. 混凝土制作、运输、浇筑、振捣、养护
010504001	直形墙	1. 混凝土种类 2. 混凝土强度等级	m^3	按设计图示尺寸以体积计算。不扣除构件内钢筋、预埋铁件所占体积，扣除门窗洞口及单个面积大于 $0.3m^2$ 的孔洞所占体积，墙垛及凸出墙面部分并入墙体体积计算内	1. 模板及支撑制作、安装、拆除、堆放、运输及清理模内杂物、刷隔离剂等 2. 混凝土制作、运输、浇筑、振捣、养护
010504003	短肢剪力墙				

续表

项目编码	项目名称	项目特征	计量单位	工程量计算规则	工作内容
010505001	有梁板	1. 混凝土种类 2. 混凝土强度等级	m^3	按设计图示尺寸以体积计算，不扣除构件内钢筋、预埋铁件及单个面积小于或等于 $0.3m^2$ 的柱、垛及孔洞所占体积。有梁板（包括主、次梁与板）按梁板体积之和计算，无梁板按板和柱帽体积之和计算	1. 模板及支撑制作、安装、拆除、堆放、运输及清理模内杂物、刷隔离剂等 2. 混凝土制作、运输、浇筑、振捣、养护
010505002	无梁板				
010505003	平板				
010506001	直形楼梯	1. 混凝土种类 2. 混凝土强度等级	1. m^2 2. m^3	1. 以平方米计量，按设计图示尺寸以水平投影面积计算。不扣除宽度小于或等于500mm的楼梯井，伸入墙内部分不计算。 2. 以立方米计量，按设计图示尺寸以体积计算	1. 模板及支撑制作、安装、拆除、堆放、运输及清理模内杂物、刷隔离剂等 2. 混凝土制作、运输、浇筑、振捣、养护
010515001	现浇构件钢筋	钢筋种类、规格	t	按设计图示钢筋（网）长度（面积）乘以单位理论质量计算	1. 钢筋制作、运输 2. 钢筋安装 3. 焊接
010515002	预制构件钢筋				
010516001	螺栓	1. 螺栓种类 2. 规格	t	按设计图示尺寸以质量计算	1. 螺栓、铁件制作、运输 2. 螺栓、铁件安装
010516002	预埋铁件	1. 钢材种类 2. 规格 3. 铁件尺寸	t		
010516003	机械连接	1. 连接方式 2. 螺纹套筒种类 3. 规格	个	按数量计算	1. 钢筋套丝 2. 套筒连接
010802001	金属（塑钢）门	1. 门代号及洞口尺寸 2. 门框或扇外围尺寸 3. 门框、扇材质 4. 玻璃品种、厚度	1. 樘 2. m^2	1. 以樘计量，按设计图示数量计算。 2. 以平方米计量，按设计图示洞口尺寸以面积计算	1. 门安装 2. 五金安装 3. 玻璃安装
010807001	金属（塑钢、断桥）窗	1. 窗代号及洞口尺寸 2. 框、扇材质 3. 玻璃品种、厚度	1. 樘 2. m^2	1. 以樘计量，按设计图示数量计算。 2. 以平方米计量，按设计图示洞口尺寸以面积计算	1. 窗安装 2. 五金玻璃安装

续表

项目编码	项目名称	项目特征	计量单位	工程量计算规则	工作内容
010808004	金属门窗套	1. 窗代号及洞口尺寸 2. 门窗套展开宽度 3. 基层材料种类 4. 面层材料品种、规格 5. 防护材料种类	1. 樘 2. m^2 3. m	1. 以樘计量，按设计图示数量计算。 2. 以平方米计量，按设计图示尺寸以展开面积计算。 3. 以米计量，按设计图示中心以延长米计算	1. 清理基层 2. 立筋制作、安装 3. 基层板安装 4. 面层铺贴 5. 刷防护材料
010901002	型材屋面	1. 型材品种、规格 2. 金属檩条材料品种、规格 3. 接缝、嵌缝材料种类	m^2	按设计图示尺寸以斜面积计算。不扣除房上烟囱、风帽底座、风道、小气窗、斜沟等所占面积。小气窗的出檐部分不增加面积	1. 檩条制作、运输、安装 2. 屋面型材安装 3. 接缝、嵌缝
010901005	膜结构屋面	1. 膜布品种、规格 2. 支柱（网架）钢材品种、规格 3. 钢丝绳品种、规格 4. 锚固基座做法 5. 油漆品种、刷漆遍数	m^2	按设计图示尺寸以需要覆盖的水平投影面积计算	1. 膜布热压胶接 2. 支柱（网架）制作、安装 3. 膜布安装 4. 穿钢丝绳、锚头锚固 5. 锚固基座挖土、回填 6. 刷防护材料
010902001	屋面卷材防水	1. 卷材品种、规格、厚度 2. 防水层数 3. 防水层做法	m^2	按设计图示尺寸以面积计算。 1. 斜屋顶（不包括平屋顶找坡）按斜面积计算，平屋顶按水平投影面积计算。 2. 不扣除房上烟囱、风帽底座、风道、屋面小气窗和斜沟所占面积。 3. 屋面的女儿墙、伸缩缝和天窗等处的弯起部分，并入屋面工程量内	1. 基层处理 2. 刷底油 3. 铺油毡卷材、接缝
010903001	墙面卷材防水	1. 卷材品种、规格、厚度 2. 防水层数 3. 防水层做法	m^2	按设计图示尺寸以面积计算	1. 基层处理 2. 刷黏结剂 3. 铺防水卷材 4. 接缝、嵌缝

续表

项目编码	项目名称	项目特征	计量单位	工程量计算规则	工作内容
011001001	保温隔热屋面	1. 保温隔热材料品种、规格、厚度 2. 隔气层材料品种、厚度 3. 黏结材料种类、做法 4. 防护材料种类、做法	m^2	按设计图示尺寸以面积计算。扣除面积大于 $0.3m^2$ 的孔洞及占位面积	1. 基层清理 2. 刷黏结材料 3. 铺粘保温层 4. 铺、刷（喷）防护材料

表 2-5　建筑装饰工程常用清单项目工程量计算内容

项目编码	项目名称	项目特征	计量单位	工程量计算规则	工作内容
011102001	石材楼地面	1. 找平层厚度、砂浆配合比 2. 结合层厚度、砂浆配合比 3. 面层材料品种、规格、颜色 4. 嵌缝材料种类 5. 防护材料种类 6. 酸洗、打蜡要求	m^2	按设计图示尺寸以面积计算。门洞、空圈、暖气包槽、壁龛的开口部分并入相应的工程量内	1. 基层清理、抹找平层 2. 面层铺设、磨边 3. 嵌缝 4. 刷防护材料 5. 酸洗、打蜡 6. 材料运输
011105002	石材踢脚线	1. 踢脚线高度 2. 粘贴层厚度、材料种类 3. 面层材料品种、规格、颜色 4. 防护材料种类	1. m^2 2. m	1. 按设计图示长度乘高度以面积计算。 2. 按延长米计算	1. 基层清理 2. 底层抹灰 3. 面层铺贴、磨边 4. 擦缝 5. 磨光、酸洗、打蜡 6. 刷防护材料 7. 材料运输
011105003	块料踢脚线				
011107001	石材台阶面	1. 找平层厚度、砂浆配合比 2. 黏结层材料种类 3. 面层材料品种、规格、颜色 4. 勾缝材料种类 5. 防滑条材料种类、规格 6. 防护材料种类	m^2	按设计图示尺寸以台阶（包括最上层踏步边沿加300mm）水平投影面积计算	1. 基层清理 2. 抹找平层 3. 面层铺贴 4. 贴嵌防滑条 5. 勾缝 6. 刷防护材料 7. 材料运输
011107002	块料台阶面				

续表

项目编码	项目名称	项目特征	计量单位	工程量计算规则	工作内容
011204001	石材墙面	1. 墙体类型 2. 安装方式 3. 面层材料品种、规格、颜色 4. 缝宽、嵌缝材料种类 5. 防护材料种类 6. 磨光、酸洗、打蜡要求	m^2	按镶贴表面积计算	1. 基层清理 2. 砂浆制作、运输 3. 黏结层铺贴 4. 面层安装 5. 嵌缝 6. 刷防护材料 7. 磨光、酸洗、打蜡
011204004	干挂石材钢骨架	1. 骨架种类、规格 2. 防锈漆品种遍数	t	按设计图示以质量计算	1. 骨架制作、运输、安装 2. 刷漆
011209001	带骨架幕墙	1. 骨架材料种类、规格、中距 2. 面层材料品种、规格、颜色 3. 面层固定方式 4. 隔离带、框边封闭材料品种、规格 5. 嵌缝、塞口材料种类	m^2	按设计图示框外围尺寸以面积计算。与幕墙同种材质的窗所占面积不扣除	1. 骨架制作、运输、安装 2. 面层安装 3. 隔离带、框边封闭 4. 嵌缝、塞口 5. 清洗
011209002	全玻（无框玻璃）幕墙	1. 玻璃品种、规格、颜色 2. 黏结塞口材料种类 3. 固定方式	m^2	按设计图示尺寸以面积计算。带肋全玻幕墙按展开面积计算	1. 幕墙安装 2. 嵌缝、塞口 3. 清洗
011301001	天棚抹灰	1. 基层类型 2. 抹灰厚度、材料种类 3. 砂浆配合比	m^2	按设计图示尺寸以水平投影面积计算。不扣除间壁墙、垛、柱、附墙烟囱、检查口和管道所占的面积，带梁天棚、梁两侧抹灰面积并入天棚面积内，板式楼梯底面抹灰按斜面积计算，锯齿形楼梯底板抹灰按展开面积计算	1. 基层清理 2. 底层抹灰 3. 抹面层

续表

项目编码	项目名称	项目特征	计量单位	工程量计算规则	工作内容
011302001	吊顶天棚	1. 吊顶形式、吊杆规格、高度 2. 龙骨材料种类、规格、中距 3. 基层材料种类、规格 4. 面层材料品种、规格 5. 压条材料种类、规格 6. 嵌缝材料种类 7. 防护材料种类	m^2	按设计图示尺寸以水平投影面积计算。天棚面中的灯槽及跌级、锯齿形、吊挂式、藻井式天棚面积不展开计算。不扣除间壁墙、检查口、附墙烟囱、柱垛和管道所占面积，扣除单个面积大于0.3m^2的孔洞、独立柱及与天棚相连的窗帘盒所占的面积	1. 基层清理、吊杆安装 2. 龙骨安装 3. 基层板铺贴 4. 面层铺贴 5. 嵌缝 6. 刷防护材料
011405001	金属面油漆	1. 构件名称 2. 腻子种类 3. 刮腻子要求 4. 防护材料种类 5. 油漆品种、刷漆遍数	1. t 2. m^2	1. 以吨计量，按设计图示尺寸以质量计算。 2. 以平方米计量，按设计展开面积计算	1. 基层清理 2. 刮腻子 3. 刷防护材料、油漆
011407001	墙面喷刷涂料	1. 基层类型 2. 喷刷涂料部位 3. 腻子种类 4. 刮腻子要求 5. 涂料品种、喷刷遍数	m^2	按设计图示尺寸以面积计算	1. 基层清理 2. 刮腻子 3. 刷、喷涂料
011407002	天棚喷刷涂料				
011407005	金属构件刷防火涂料	1. 喷刷防火涂料构件名称 2. 防火等级要求 3. 涂料品种、喷刷遍数	1. m^2 2. t	1. 以吨计量，按设计图示尺寸以质量计算。 2. 以平方米计量，按设计展开面积计算	1. 基层清理 2. 刷防护材料、油漆

2. 措施及其他清单项目的计算

措施项目清单招标人根据拟建工程实际情况列出通用措施项目，专业措施项目根据各专业的实际情况，建筑工程专业措施包括混凝土、钢筋混凝土模板及支架、脚手架、垂直运输机械；装饰装修工程包括脚手架、垂直运输机械、室内空气污染测试。措施项目部分按工程量计算规则计算其清单工程量，部分项目以“项”为单位列出。

其他项目清单中暂列金额、暂估价、计日工、总包服务费招标人按拟建工程实际情况填写；规费、税金清单由招标人根据《建筑安装工程费用项目组成》（建标〔2013〕44号）的通知规定填写。

3. 分部分项工程常用项目清单计算与定额计算的对比

《房屋建筑与装饰工程工程量计算规范》（GB 50854—2013）中，分项工程工程量计算规则大部分与地方预算定额中工程量计算规则一致，有小部分的项目计算规则稍有不同，在设计计算中要特别注意。以《内蒙古自治区房屋建筑与装饰工程预算定额（2017届）》为依据，清单规范与预算定额常用项目工程量计算规则对比见表2-6。

表2-6 清单规范与预算定额常用项目工程量计算规则对比

项目名称	清单工程量计算规则		定额工程量计算规则	
	计量单位	计算规则	计量单位	计算规则
挖沟槽、挖基坑土方	m^3	以垫层底面积乘以深度计算	$10m^3$	基础（含垫层）底面积考虑工作面和放坡的宽度乘以深度计算
强夯地基	m^2	按设计图示处理范围以面积计算	$100m^2$	按设计图示处理范围以面积计算，设计无规定时，按建筑物外围轴线每边各加4m计算
砖基础	m^3	按体积计算 基础长度：外墙按外墙中心线，内墙按内墙净长线计算	$10m^3$	按体积计算 基础长度：外墙按外墙中心线，内墙按内墙基最上一步净长线计算
实心砖墙、多孔砖墙	m^3	按体积计算 内墙高度：有钢筋混凝土楼板隔层者算至楼板顶	$10m^3$	按体积计算 内墙高度：有钢筋混凝土楼板隔层者算至楼板底
砖地沟	m	按设计图示以中心线长度计算	$10m^3$	按设计图示以体积计算
混凝土楼梯	1. m^2 2. m^3	1. 以水平投影面积计算。 2. 按设计图示以体积计算	$10m^2$	按设计图示以水平投影面积计算
零星项目抹灰	m^2	以面积计算	$100m^2$	以展开面积计算
天棚抹灰	m^2	以水平投影面积计算，其中板式楼梯按斜面积计算，锯齿形楼梯底板抹灰按展开面积计算	$100m^2$	按设计结构尺寸以展开面积计算，其中板式楼梯、锯齿形楼梯抹灰分别按水平投影面积乘以1.15、1.37
天棚吊顶	m^2	以水平投影面积计算	$100m^2$	以展开面积计算
满堂脚手架	m^2	按搭设的水平投影面积计算	$100m^2$	按室内净面积计算
垂直运输	1. 天 2. m^2	1. 按施工工期日历天数计算。 2. 按建筑面积计算	$100m^2$	按建筑面积计算

2.6 工程量清单计价编制的实施

2.6.1 工程量清单计价编制的程序

掌握工程量清单计价编制的程序，是毕业设计的关键，学生按照程序逐一实施，快速完成清单计价的编制，编制程序如图2-2所示。

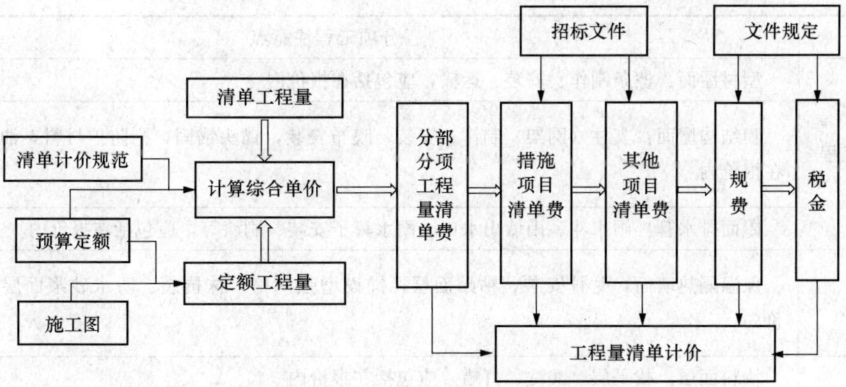

图2-2 工程量清单计价编制程序

2.6.2 熟悉工程量清单报价的注意点

1. 分部分项工程报价的注意点

分部分项工程组合项目给出综合单价，是报价的基础。某些工作是否综合在清单项目的综合单价中，要结合计价规范和工程实际进行。实际工作考虑不全面、不细致，会导致报价的不准确，因此，学生在毕业设计中要注意学习报价的关键点，具体内容见表2-7。

表2-7 分部分项工程报价时注意点

分部工程	分项工程注意点
土石方工程	平整场地：如出现在±300mm以内的全部是挖方或全部是填方，需外运方或取土回填时，运输应包括在项目报价内；如施工组织设计规定超面积平整场地，超出部分面积的费用应包括在报价内
	挖基础土方：要把施工方案规定的放坡、工作面等增加的施工量、施工增量的弃土运输包括在项目报价内
	施工降水、排水等，应列入措施清单项目费中
	土石方清单报价应包括指定范围内的土石方运输、装卸及基底夯实、基底钎探、修理边坡等全部施工工序
地基处理及边坡支护工程	锚杆支护：项目中的钻孔、安装、灌浆、张拉锚固等搭设的脚手架，可综合在项目中，也可列入措施项目费内
桩基工程	混凝土灌注桩：人工挖孔时采用护壁，应包括在报价内
	打桩中包括沉桩、接桩、送桩的价
砌筑工程	砖基础：砂浆制作、运输、砌砖、防潮层、材料运输，应包括在报价内
	实心砖墙：项目中砖压顶砌筑、刮缝，应包括在报价内
混凝土及钢筋混凝土工程	项目中可综合模板及支架制作、安装、拆除等费用，也可列入措施项目费用内
	钢筋的制作、安装、运输损耗及钢筋焊接（绑扎）的费用应考虑在报价内
门窗工程	钢木大门：项目中的钢骨架制作、运输包括在报价内
	各种材质门窗的五金、玻璃安装及刷防护材料，应包括在报价内

续表

分部工程	分项工程注意点
屋面及防水工程	型材屋面：檩条制作、安装、运输，应包括在报价内
	膜结构屋面：支柱（网架）制作、安装，膜布安装，锚头锚固，刷防护材料，油漆等，应包括在报价内
	屋面排水管：雨水斗、山墙出水口、雨水箅子安装、刷漆等，应包括在报价内
保温、隔热、防腐工程	保温隔热墙面：龙骨安装，粘贴面层，铺设增强网格，抹抗裂、防水砂浆面层，应包括在报价内
楼地面装饰工程	块料面层：找平层，酸洗、打蜡，应包括在报价内
	复合地板：龙骨铺设、基层铺设、刷防护材料综合在面层项目中，应包括在报价内
	楼梯、台阶：主要综合找平层、贴嵌防滑条，应包括在报价内
墙柱面装饰工程	墙柱装饰面：综合龙骨制作、安装、运输，钉隔离层，基层铺钉，应包括在报价内
	带骨架幕墙：骨架制作、运输、安装可综合在此项目中，也可按清单干挂石材钢骨架编码列项
天棚工程	吊顶天棚：吊杆的安装、龙骨安装、基层板铺贴、嵌缝等，应包括在报价内
油漆、涂料、裱糊工程	各种材质面油漆均综合了刮腻子，腻子的种类、遍数等，应包括在报价内

2. 措施项目报价的注意点

(1) 使用综合脚手架时，不再使用外脚手架、里脚手架等单项脚手架，避免重复报价；综合脚手架适用于能够按“建筑面积计算规则”计算建筑面积的建筑工程脚手架，不适用于房屋加层、构筑物及附属工程脚手架；同一建筑物有不同檐高时，按建筑物竖向切面分别按不同檐高编列清单项目计价。

(2) 原槽浇筑的混凝土基础，不计算模板价格。

(3) 垂直运输中综合机械的固定装置、基础的制作、安装，应包括在报价内。

(4) 大型机械设备进出场及安拆包括安拆费、进出场费，另综合了机械试运转费，以及机械辅助设施的折旧、拆除等费用。

(5) 通用措施费，如安全文明费、夜间施工费、二次搬运费等根据工程实际情况确定。

(6) 措施项目费应根据招标文件中的措施项目清单及拟定的施工组织设计或施工方案按规范的规定自主确定。

3. 其他项目报价的注意点

(1) 暂列金额应按招标人在其他项目清单中列出的金额填写。

(2) 材料暂估价应按招标人在其他项目清单中列出的单价计入综合单价；专业工程暂估价应按招标人在其他项目清单中列出的金额填写。

(3) 计日工按招标人在其他项目清单中列出的项目和数量，自主确定综合单价并计算计日工费用。

(4) 总承包服务费根据招标文件中列出的内容和提出的要求自主确定。

4. 规费和税金报价的注意点

规费和税金的计取标准是依据有关法律、法规和政策规定制定的，具有强制性，在报价时必须按照国家或省级、行业建设主管部门的有关规定计算。

5. 招标控制价的注意点

招标控制价是工程项目的最高投标限价，其控制价应当与分部分项工程费、措施项目费、其他项目费、规费、税金的合计金额一致。

第3章　综合实训清单与报价指导

学习目标

通过本项目的学习，使学生掌握建筑工程及建筑装饰工程的工程量清单及招标控制价编制方法，培养学生系统全面地总结、运用所学的工程量清单计价知识编制工程量清单和计价的能力；进一步培养学生理论联系实际、独立思考分析解决问题的能力。

学习要求

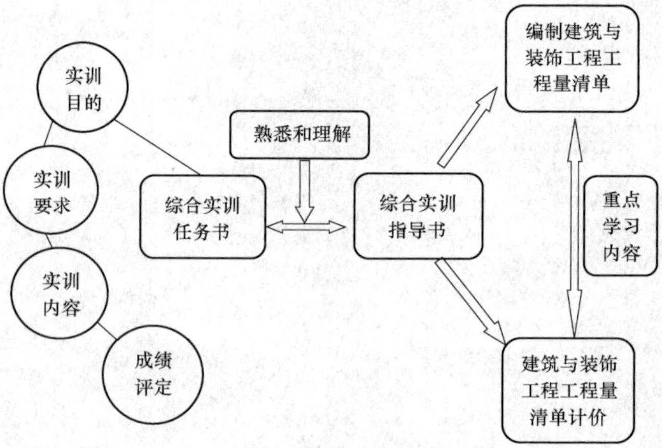

3.1 综合实训任务书

3.1.1 综合实训目的

(1) 通过工程造价综合实训，提高学生正确贯彻执行国家建设工程相关法律法规，正确应用《建设工程工程量清单计价规范》(GB 50500—2013)、《房屋建筑与装饰工程工程量计算规范》(GB 50854—2013) 及建筑工程设计和施工规范、标准图集等建设工程标准的基本技能。

(2) 提高学生理论联系实际，运用课堂上的专业理论知识解决房屋建筑工程中有关工程计量与工程计价实际问题的能力。

(3) 使学生熟练掌握建筑与装饰工程工程量清单及计价的编制方法和技巧，培养学生编制建筑与装饰工程工程量清单及计价的专业技能，提高学生分析、解决问题的能力。

3.1.2 综合实训要求

1. 基本要求

(1) 编制单位工程施工图预算，采用清单计价法，编制建筑与装饰工程工程量清单及招标控制价。

(2) 每班至少由两名专业教师指导，指导内容包括学生的专业知识、计算方法、图纸与规范的对应、规范的使用、造价文件形成的过程等。

(3) 学生分组进行实训。根据小组的实训进度，可手工编制建筑与装饰工程部分的工程量清单及建筑工程招标控制价的全部内容，也可工程量清单编制使用手工计算，招标控制价编制使用广联达软件操作，包括分部分项工程量清单及计价、措施项目清单及计价、其他项目清单及计价、规费项目清单及计价、税金项目清单及计价。

(4) 采用《建设工程工程量清单计价规范》(GB 50500—2013) 统一的表格，规范填写建筑与装饰工程工程量清单的各项内容。

2. 学生要求

(1) 实训期间，必须以实事求是的态度，深入分析计算，按照要求编制，使自己的实训水平达到毕业时的岗位能力要求。

(2) 在教师的指导下，认真、独立地完成毕业实训的各项内容，遇到有争议的问题根据分组情况组内进行讨论，可参考其他组的计算过程，但不准抄袭，一经发现，毕业实训成绩按零分计。

(3) 手工计算书采用统一的表格形式，要按项目顺序规范书写，尽量使用铅笔计算；采用《建设工程工程量清单计价规范》(GB 50500—2013) 的表格填写工程量清单及计价表，使用黑色碳素笔填写；纸面干净整洁，字迹清晰。

(4) 编制内容完整，计算结果合理。

(5) 按规定的顺序装订成册。

3. 进度要求

严格按照毕业实训时间进行设计，编制总时间为5周，建筑工程3.5周，建筑装饰工程

1.5周，实训内容完成时间原则上可在规定的时间上下浮动0.5天。根据专业及设计内容，实训时间初步安排见表3-1。

表3-1　实训时间初步安排

序号	实训的内容		时间（天）
1	实训开始前的准备工作、熟悉图纸		0.5
2	编制工程量清单	编制建筑工程工程量清单	16
3		编制建筑装饰工程工程量清单	5
4	编制工程量清单报价	编制建筑工程清单报价	2
5		编制建筑装饰工程清单报价	1
6	复核、编制说明、填写封面、整理装订成册		0.5
7	合计		25

3.1.3　综合实训内容

1. 工程资料

已知××工程资料如下：

（1）××工程建筑施工图、结构施工图等图纸。

（2）××工程建筑设计说明、建筑做法说明、结构设计说明。

（3）其他未尽事项，可根据规范、规程、图集及具体情况讨论选用，并在编制说明中注明。

2. 编制内容

根据《建设工程工程量清单计价规范》（GB 50500—2013）、《房屋建筑与装饰工程工程量计算规范》（GB 50854—2013），现行的省级、行业建设主管部门颁发的计价定额和计价办法，以及指定的建筑与装饰施工图设计文件等资料，编制建筑与装饰工程工程量清单和建筑与装饰工程的招标控制价。

（1）编制建筑与装饰工程工程量清单。建筑工程与装饰工程的单位工程是由若干分部分项工程构成的，在编制工程量清单时，熟悉分部分项工程的内容是列项及计算的基础。《房屋建筑与装饰工程工程量计算规范》（GB 50854—2013）中规定编制清单分部工程：建筑工程清单包括土（石）方工程，地基处理与边坡支护工程，桩基工程，砌筑工程，混凝土及钢筋混凝土工程，金属结构工程，门窗工程，屋面及防水工程，保温、隔热、防腐工程。建筑装饰工程清单包括楼地面装饰工程，墙、柱面装饰与隔断、幕墙工程，天棚工程，油漆、涂料、裱糊工程，其他装饰工程。措施项目清单包括脚手架工程，模板工程，垂直运输及超高增加，大型机械进出场及安拆，施工排水、降水，安全文明施工等项目。具体编制内容如下：

1）列项目，计算工程量，编制分部分项工程量清单。

2）编制措施项目清单。

3）编制其他项目清单，其中包括：①其他项目清单与计价汇总表；②暂列金额明细表；③材料暂估单价表；④专业工程暂估价表；⑤计日工表；⑥总承包服务费计价表。

4）编制规费、税金项目清单。

5）编制总说明。

6）填写封面，整理装订成册。

（2）编制建筑与装饰工程的招标控制价。

1）编制“分部分项工程量清单与计价表”。

2）编制“工程量清单综合单价分析表”。

3）编制“措施项目清单与计价表”。

4）编制“其他项目清单与计价表”，其中包括：①其他项目清单与计价汇总表；②暂列金额明细表；③材料暂估单价表；④专业工程暂估价表；⑤计日工表；⑥总承包服务费计价表。

5）编制“规费、税金项目清单与计价表”。

6）编制“单位工程投标报价汇总表”。

7）编制“单项工程投标报价汇总表”。

8）编制总说明。

9）填写封面，整理装订成册。

3.1.4　综合实训成绩评定

根据学生对所学的专业理论知识的应用能力及独立思考问题和处理问题的能力，所完成的建筑工程及建筑装饰工程的工程量清单及招标控制价各项数据计算的质量，所运用的表格填写格式是否规范，文字书写是否清晰、工整，学生在实训期间的学习态度和表现，将实训成绩按照优、良、中、及格、不及格五个等级进行评定。

3.2　综合实训指导书

3.2.1　工程量清单编制指导书

1. 编制工程量清单的准备工作

编制工程量清单开始前，学生要做必要的准备工作，准备的基本资料如下：

（1）××工程施工图设计文件。

（2）《建设工程工程量清单计价规范》（GB 50500—2013）、《房屋建筑与装饰工程工程量计算规范》（GB 50854—2013）。

（3）现行的建筑工程施工规范、建筑工程验收规范等标准。

（4）建筑工程所在地一般施工单位该类工程常规的施工方法（由指导教师根据当地建筑工程生产技术水平拟订）。

（5）××工程招标条件。

（6）有关造价政策及文件。

2. 编制工程量清单的步骤和方法

（1）熟悉施工图设计文件。

1）熟悉图样、设计说明，了解工程性质，对工程情况初步了解。

2）熟悉平面图、立面图和剖面图，核对尺寸。

3）查看详图和做法说明，了解细部做法。

（2）熟悉施工组织设计资料。了解施工方法和施工机械的选择、工具设备的选择、运输距离的远近、脚手架种类的选择、模板支撑种类的选择等。

（3）熟悉《房屋建筑与装饰工程工程量计算规范》（GB 50854—2013）。了解清单各项目的划分、工程量计算规则，掌握各清单项目的项目编码、项目名称、项目特征、计量单位及工作内容。

（4）列项目计算工程量并编制工程量计算书。工程量计算必须根据设计图样和说明提供的工程构造、设计尺寸和做法要求，结合施工组织设计和现场情况，按照清单的项目划分、工程量计算规则和计量单位的规定，对每个分项工程的工程量进行具体计算。它是工程量清单编制工作中一项细致、重要的环节。为了做到计算准确，便于审核，清单工程量计算的总体要求有：

1）根据设计图纸、施工说明书、《房屋建筑与装饰工程工程量计算规范》（GB 50854—2013）的规定，计算各分部分项工程量。

2）计算工程量所取定的尺寸和工程量计量单位要符合清单计价办法的规定。

3）尽量按照“一数多用”的计算原则，加快计算速度。

4）门窗、洞口、预制构件要结合建筑平面图、立面图对照清点，也可列出数量、面积、体积明细表，以备扣除门窗、洞口面积和预制构件体积之用。

工程量计算的具体步骤如下：

1）“四线两面”基数计算。计算外墙中心线长度 $L_{中}$（若外墙基础断面不同，应分段计算）、内墙净长线长度 $L_{内}$（若内墙墙厚不同，应分段计算）、内墙基础垫层净长线长度 $L_{净垫}$（或内墙混凝土基础净长线长度 $L_{净基础}$，若垫层或基础断面不同，应分段计算）和外墙的外边线长度 $L_{外}$；计算底层建筑面积 $S_{底}$ 和房心净面积 $S_{房}$。

编制基数计算表，见表 3-2。

表 3-2　基数计算表

序号	基数名称	单位	数量	计算式
一	外墙中心线长度 $L_{中}$	m		
1	$L_{中1}$（基础 1）	m		
2	$L_{中2}$（基础 2）	m		
二	内墙净长线长度 $L_{内}$	m		
三	内墙基础垫层净长线长度 $L_{净垫}$	m		
四	外墙的外边线长度 $L_{外}$	m		
…	…	…	…	…

知识链接

外墙中心线长度是指围绕建筑物的外墙中心线长度之和。内墙净长线长度是指建筑物内隔墙的长度之和。内墙基础垫层净长线长度是指所有内墙基槽或垫层净长度。外墙的外边线长度是指围绕建筑物外墙边的长度之和。底层建筑面积是指建筑物首层的建筑展开面积。房心净面积是指建筑物各层平面布置中可直接为生产或生活使用的净面积。

2）计算门窗及洞口工程量，编制门窗及洞口工程量计算表，见表 3-3。

表 3-3　门窗及洞口工程量计算表

门窗代号	洞口尺寸		每樘面积（m^2）	总樘数	总面积（m^2）	所在部位		备注
						外墙	内墙	
	宽（mm）	高（mm）				240	240	
M-1								
M-2								
…	…	…	…	…	…	…	…	…
门窗面积小计								

3）依据施工图纸和《房屋建筑与装饰工程工程量计算规范》（GB 50854—2013），结合学生对建筑工程计量知识的掌握程度，正确列出分项工程，并根据计算规则准确计算各项清单工程量，形成清单工程量计算书。分项工程量计算书见表 3-4。

表 3-4　分项工程量计算书

序号	项目编号	项目名称	工程量计算	单位	数量	备注
1	010101001001	人工场地平整	按设计图示尺寸以建筑物首层建筑面积计算＝26.64×10.74－(3.3×6－0.24)×3.3	m^2	221.56	
2	010401001001	砖基础	按设计图示尺寸以体积计算＝(0.432＋1.00)×0.365×39.30	m^3	20.54	
…	…	…	…	…	…	…

注　表中的工程量计算应采用数学算式列式进行，对于一个分项工程项目可使用多行进行计算，计算结果一般保留两位小数。

（5）编制分部分项工程量清单。将表 3-4 中的相应内容填入《建设工程工程量清单计价规范》（GB 50500—2013）中规定的表格中（见表 3-5），形成分部分项工程量清单，金额部分不填。

表 3-5　分部分项工程量清单与计价表（样表）

工程名称：　　　　　　　　　　标段：　　　　　　　　　　第　页　共　页

序号	项目编码	项目名称	项目特征描述	计量单位	工程量	金额（元）		
						综合单价	合价	其中：暂估价
1	010101003001	挖沟槽土方	1. 土壤类别：三类 2. 挖土深度：4.0m 3. 弃土运距：10km 4. 基底钎探	m^3	1432.00			
…	…	…	…	…	…	…	…	…
			本页小计					
			合计					

1）项目编码。项目编码是分部分项工程和措施项目清单名称的阿拉伯数字标识。清单项目编码以五级编码设置，用12位阿拉伯数字表示。一、二、三、四级编码为全国统一，即1～9位应按《房屋建筑与装饰工程工程量计算规范》（GB 50854—2013）附录的规定设置；第五级即10～12位为清单项目编码，应根据拟建工程的工程量清单项目名称设置，不得有重号，这3位清单项目编码由招标人针对招标工程项目具体编制，并应自001起顺序编制，项目编码结构如图3-1所示（以房屋建筑与装饰工程为例）。

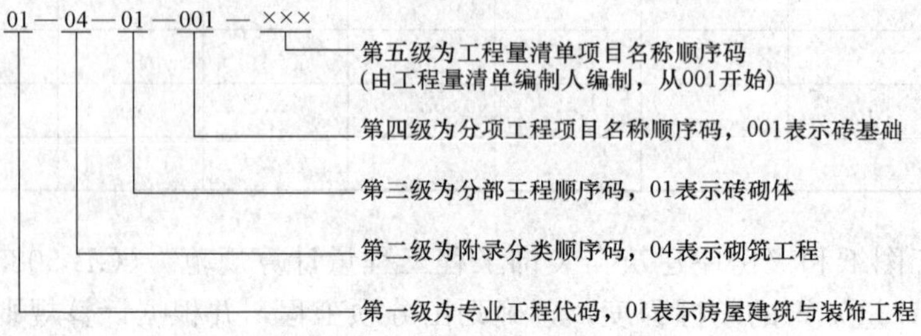

图3-1 工程量清单项目编码结构图

当同一标段（或合同段）的一份工程量清单中含有多个单位工程，且工程量清单是以单位工程为编制对象时，在编制工程量清单时应特别注意对项目编码10～12位的设置不得有重码的规定。例如，一个标段（或合同段）的工程量清单中含有3个单位工程，每个单位工程中都有项目特征相同的实心砖墙砌体，在工程量清单中又需反映3个不同单位工程的实心砖墙砌体工程量时，则第一个单位工程实心砖墙的项目编码应为010401003001，第二个单位工程实心砖墙的项目编码应为010401003002，第三个单位工程实心砖墙的项目编码应为010401003003，并分别列出各单位工程实心砖墙的工程量。

2）项目名称。分部分项工程项目清单的项目名称应按各专业工程量计算规范附录的项目名称结合拟建工程的实际确定。附录表中的“项目名称”为分项工程项目名称，是形成分部分项工程项目清单的项目名称的基础，即在编制分部分项工程项目清单时，以附录中的分项工程项目名称为基础，考虑该项目的规格、型号、材质等特征要求，结合拟建工程的实际情况，使其工程量清单项目名称具体化、细化，以反映影响工程造价的主要因素。例如，“门窗工程”中“特种门”应区分“冷藏门”“冷冻闸门”“保温门”“变电室门”“隔声门”“防射线门”“人防门”“金库门”等。清单项目名称应表达详细、准确，各专业工程量计算规范中的分项工程项目名称如有缺陷，招标人可作补充，并报当地工程造价管理机构（省级）备案。

3）项目特征。项目特征是构成分部分项工程项目、措施项目自身价值的本质特征。项目特征是对项目的准确描述，是确定一个清单项目综合单价不可缺少的重要依据，是区分清单项目的依据，是履行合同义务的基础。分部分项工程项目清单的项目特征应按各专业工程工程量计算规范附录中规定的项目特征，结合技术规范、标准图集、施工图纸，按照工程结构、使用材质及规格或安装位置等，予以详细而准确地表述和说明。凡项目特征中未描述到的其他独有特征，由清单编制人视项目具体情况确定，以准确描述清单项目为准。

在各专业工程工程量计算规范附录中还有关于各清单项目“工作内容”的描述。工作内容是指完成清单项目可能发生的具体工作和操作程序，但应注意的是，在编制分部分项工程项目清单时，工作内容通常无须描述，因为在工程工程量计算规范中，工程量清单项目与工程量计算规则、工作内容是相互对应关系，“项目特征”是实体的特征，直接决定工程的价值，它们的性质不同。

4）计量单位。计量单位应采用基本单位，除各专业另有特殊规定外均按以下单位计量：

a. 以质量计算的项目——吨或千克（t 或 kg）；

b. 以体积计算的项目——立方米（m^3）；

c. 以面积计算的项目——平方米（m^2）；

d. 以长度计算的项目——米（m）；

e. 以自然计量单位计算的项目——个、套、块、揽、组、台等；

f. 没有具体数量的项目——宗、项等。

各专业有特殊计量单位的，再另外加以说明，当计量单位有两个或两个以上时，应根据所编工程量清单项目的特征要求，选择最适宜表现该项目特征并方便计量的单位。

例如，门窗工程计量单位为“樘/m^2”，有两个计量单位，实际工作中，就应选择最适宜、最方便计量和组价的单位来表示。

（6）编制措施项目清单。措施项目中可以计算工程量的项目（单价措施项目）宜采用分部分项工程项目清单的方式编制，列出项目编码、项目名称、项目特征、计量单位和工程量（见表 3-6）；不能计算工程量的项目（总价措施项目），以“项”为计量单位进行编制（见表 3-7）。

表 3-6　　措施项目清单与计价表（一）

工程名称：　　　　标段：　　　　第　页　共　页

序号	项目编码	项目名称	项目特征描述	计量单位	工程量	金额（元）		
						综合单价	合价	其中：暂估价
1	011702016001	现浇混凝土平板竹胶模板钢支撑	支撑高度为 3m	m^2	5798.45			
…	…	…	…	…	…	…	…	…
本页小计								
合计								

总价措施项目清单一般包括安全文明施工、二次搬运、冬雨季施工增加、已完工程及设备保护的项目，其他总价措施项目通常根据工程的特点、施工方法等发生时列项，不发生不列项。

表 3-7　　总价措施项目清单与计价表（二）

工程名称：　　　　标段：　　　　第　页　共　页

序号	项目编码	项目名称	计算基础	费率（%）	金额（元）	备注
1	011707001001	安全文明施工费				
2	011707002001	夜间施工增加费				
3	011707003001	非夜间施工照明				

续表

序号	项目编码	项目名称	计算基础	费率（%）	金额（元）	备注
4	011707004001	二次搬运费				
5	011707005001	冬雨季施工增加费				
6	011707006001	地上、地下设施、建筑物的临时保护设施				
7	011707007001	已完工程及设备保护费				
…	…	……	…	…	…	…
		合计				

注 “计算基础”中安全文明施工费可为“定额基价”“定额人工费”或“定额人工费＋定额施工机具使用费”，其他项目可为“定额人工费”或“定额人工费＋定额施工机具使用费”；按施工方案计算的措施费，若无“计算基础”和“费率”的数值，也可只填“金额”数值，但应在备注栏说明施工方案出处或计算方法。

（7）编制其他项目清单，见表 3-8～表 3-13。

表 3-8　　其他项目清单与计价汇总表（样表）

工程名称：　　　　标段：　　　　第　页　共　页

序号	项目名称	金额（元）	结算金额（元）	备注
1	暂列金额			明细详见表 3-9
2	暂估价			
2.1	材料（工程设备）暂估价/结算价	—		明细详见表 3-10
2.2	专业工程暂估价/结算价			明细详见表 3-11
3	计日工			明细详见表 3-12
4	总承包服务费			明细详见表 3-13
5	索赔与现场签证			
	合计			

注 材料（工程设备）暂估单价进入清单项目综合单价，此处不汇总。

表 3-9　　暂列金额明细表（样表）

工程名称：　　　　标段：　　　　第　页　共　页

序号	项目名称	计量单位	暂定金额（元）	备注
1	自行车棚工程	项		
2	工程量偏差和设计变更	项		
3	政策性调整和材料价格波动	项		
4	其他	项		
…	…	…	…	…
	合计			

注 此表由招标人填写，如不能详列，也可只列暂定金额总额，投标人应将上述暂列金额计入投标总价中。

表 3-10　　材料（工程设备）暂估单价及调整表（样表）

工程名称：　　　　　　　　　　　　　　标段：　　　　　　　　　　　　　　第　页　共　页

序号	材料（工程设备）名称、规格、型号	计量单位	数量		暂估（元）		确认（元）		差额±（元）		备注
			暂估	确认	单价	合价	单价	合价	单价	合价	
1	低压开关柜	台	1								用于低压开关柜安装项目
…	…	…	…	…	…	…	…	…	…	…	…
	合计										

注　此表由招标人填写“暂估单价”，并在备注栏说明暂估价的材料、工程设备拟用在哪些清单项目上，投标人应将上述材料、工程设备暂估价计入工程量清单综合单价报价中。

表 3-11　　专业工程暂估价及结算价表（样表）

工程名称：　　　　　　　　　　　　　　标段：　　　　　　　　　　　　　　第　页　共　页

序号	工程名称	工程内容	暂估金额（元）	结算金额（元）	差额±（元）	备注
1	消防工程	合同图纸中标明的认证消防工程规范和技术说明中规定的各系统中的设备、管道、阀门、线缆等的供应、安装和调试工作				
…	…	…	…	…	…	…
	合计					

注　此表“暂估金额”由招标人填写，投标人应将“暂估金额”计入投标总价中。结算时按合同约定结算金额填写。

表 3-12　　计日工表（样表）

工程名称：　　　　　　　　　　　　　　标段：　　　　　　　　　　　　　　第　页　共　页

编号	项目名称	单位	暂定数量	实际数量	综合单价（元）	合价（元）	
						暂定	实际
一	人工						
1	普工	工日	100				
2	技工	工日	60				
…							
		人工小计					
二	材料						
1	钢筋	t	1				
2	水泥（42.5 号）	t	2				
3	中砂	m^3	10				
4	砾石（5～40mm）	m^3	5				
5	红青砖	千块	1				
…	…	…	…	…	…	…	…
		材料小计					
三	施工机具						
1	自升式塔吊起重机	台班	5				
2	灰浆搅拌机（400L）	台班	2				
…	…	…	…	…	…	…	…

续表

编号	项目名称	单位	暂定数量	实际数量	综合单价（元）	合价（元）	
						暂定	实际
施工机具小计							
四、企业管理费和利润							
总计							

注 此表项目名称、暂定数量由招标人填写，编制招标控制价时，单价由招标人按有关计价规定确定；投标时，单价由投标人自主报价，按暂定数量计算合价计入投标总价中，结算时，按发承包双方确认的实际数量计算合价。

表 3-13 **总承包服务费计价表（样表）**

工程名称： 标段： 第 页 共 页

序号	项目名称	项目价值（元）	服务内容	计算基础	费率（%）	金额（元）
1	发包人发包专业工程	200 000	1. 为消防工程承包人的要求提供施工工作面并对施工现场进行统一管理，对竣工资料进行统一整理汇总 2. 为消防工程承包人提供垂直运输机械和焊接电源接入点，并承担垂直运输费和电费	项目价值	5	
2	发包人提供材料	845 000	对发包人供应的材料进行验收及保管和使用发放	项目价值	1	
…	…	…	…	…	…	…
	合计	—	—		—	

注 此表项目名称、服务内容由招标人填写，编制招标控制价时，费率及金额由招标人按有关计价规范确定；投标时，费率及金额由投标人自主报价，计入投标总价中。

（8）编制规费、税金项目清单，见表 3-14。

表 3-14 **规费、税金项目计价表（样表）**

工程名称： 标段： 第 页 共 页

序号	项目名称	计算基础	计算基数	费率（%）	金额（元）
1	规费				
1.1	社会保险费				
(1)	养老保险费				
(2)	失业保险费				
(3)	医疗保险费				
(4)	工伤保险费				
(5)	生育保险费				
1.2	住房公积金				
1.3	工程排污费	按工程所在地环境保护部门收取标准，按实计入			
…	…	…	…	…	…
2	税金（增值税）	人工费＋材料费＋施工机具使用费＋企业管理费＋利润＋规费			
合计					

注 规费项目中出现计价规范未列的项目，应根据省级政府或省级有关权力部门的规定列项；税金项目出现计价规范未列的项目，应根据税务部门的规定列项。

(9) 编制说明。编制说明是对工程整体的简要精准介绍，对影响工程量清单中项目特征描述、工程量计算的特殊要求进行说明及依据的地方政策性文件，编制说明应按下列内容填写表 3-15。

1) 工程概况：建设规模、工程特征、计划工期、施工现场实际情况、自然地理条件、环境保护要求等。

2) 工程招标和分包范围。

3) 工程量清单编制依据。

4) 工程质量、材料、施工等的特殊要求。

5) 其他需要说明的问题。

表 3-15　　**编　制　说　明**

工程名称：　　　　第　页共　页

1. 工程概况 2. 工程招标和分包范围 3. 工程量清单编制依据 4. 工程质量、材料、施工等的特殊要求 5. 其他需要说明的问题

(10) 封面的填写形式，见表 3-16。

表 3-16　　**封　　面**

____________________工程 **工 程 量 清 单** 招标人：____________________　　造价咨询人：________________ (单位盖章)　　(单位资质专用章) 法定代表人 或其授权人：________________　　法定代表人 或其授权人：________________ (签字或盖章)　　(签字或盖章) 编制人：____________________　　复核人：____________________ (造价人员签字盖专用章)　　(造价工程师签字盖专用章) 编制时间：　年　月　日　　复核时间：　年　月　日

注　封面应按规定的内容填写、签字、盖章，造价员编制的工程量清单应有负责审核的造价工程师签字、盖章。

（11）整理装订成册。装订顺序，自上而下依次为：封面→编制总说明→分部分项工程量清单与计价表→措施项目清单与计价表（包括措施项目清单与计价表和总价措施项目清单与计价表）→其他项目清单与计价表（包括其他项目清单与计价汇总表、暂列金额明细表、材料暂估单价表、专业工程暂估价表、计日工表和总承包服务费计价表）→规费、税金项目清单与计价表→工程量计算表→封底。

3. 编制工程量清单时间安排

编制工程量清单时间安排见表3-17。

表3-17　　编制工程量清单时间安排表

序号	实训的内容	时间（天）
1	熟悉编制依据，列项目进行工程量计算	16
2	编制分部分项工程量清单	3
3	编制措施项目清单	0.5
4	编制其他项目清单	0.5
5	编制规费、税金项目清单	0.5
6	建筑工程工程量清单编制说明，填写封面，装订成册	0.5
7	合计	21

3.2.2 工程量清单计价编制指导书

1. 编制工程量清单计价的准备工作

编制工程量清单计价开始前，学生要做必要的准备工作，准备的基本资料如下：

（1）××工程施工图设计文件。

（2）《建设工程工程量清单计价规范》(GB 50500—2013)。

（3）现行的建筑工程施工规范、建筑工程验收规范等标准。

（4）建筑工程所在地一般施工单位该类工程常规的施工方法（由指导教师根据当地建筑工程生产技术水平拟订）。

（5）××工程招标条件。

（6）有关造价政策及文件。

2. 编制招标控制价的步骤和方法

（1）编制工程量清单综合单价分析表。分部分项工程量清单计价，核心是确定综合单价，一般计算顺序如下：

1）确定工程内容。根据工程量清单项目名称和拟建工程实际，确定该清单项目主体及其相关工作内容。

2）计算工程量。计算工程量清单项目所包含的每项工作内容的工程数量。

3）计算单位含量。分部计算工程量清单项目每计量单位应包含的各项工作内容的工程数量，即

单位含量＝工程数量÷相应清单项目的工程数量

4）选择定额。确定人工、材料和机械台班的消耗量。

5）选择单价。人工、材料、机械台班单价选用省信息价或市场价。

6）计算清单项目每计量单位所含某项工作内容的人工、材料、机械台班价款，即

$$\text{工作内容的人工、材料、机械台班价款} = \sum \text{人工、材料、机械台班消耗量} \times \text{人工、材料、机械台班单价} \times \text{单位含量}$$

7）计算工程量清单项目每计量单位人工、材料、机械台班价款，即工程量清单项目人工、材料、机械台班价款等于各项工作内容的人工、材料、机械台班价款之和。

8）选定费率。根据相关规定，结合本企业和市场的实际情况，确定管理费率和利润率。

9）计算综合单价。

10）合价＝综合单价×相应清单项目工程数量。

将计算结果填入工程量清单综合单价分析表中，见表3-18。

表3-18　　工程量清单综合单价分析表（样表）

工程名称：　　　　　　　　　　　　　　标段：　　　　　　　　　　　　　　第　页　共　页

<table>
<tr><td>项目编码</td><td colspan="2">010502001001</td><td>项目名称</td><td>矩形柱</td><td colspan="2">计量单位</td><td colspan="2">m³</td><td colspan="2">工程量</td><td>368.41</td></tr>
<tr><td colspan="12">清单综合单价组成明细</td></tr>
<tr><td rowspan="2">定额编号</td><td rowspan="2">定额项目名称</td><td rowspan="2">定额单位</td><td rowspan="2">数量</td><td colspan="4">单价</td><td colspan="4">合价</td></tr>
<tr><td>人工费</td><td>材料费</td><td>机械费</td><td>管理费和利润</td><td>人工费</td><td>材料费</td><td>机械费</td><td>管理费和利润</td></tr>
<tr><td>5-16</td><td>现浇混凝土矩形柱</td><td>10m³</td><td>36.84</td><td>810.16</td><td>2540.90</td><td></td><td>291.66</td><td></td><td></td><td></td><td></td></tr>
<tr><td>…</td><td>…</td><td>…</td><td>…</td><td>…</td><td>…</td><td>…</td><td>…</td><td>…</td><td>…</td><td>…</td><td>…</td></tr>
<tr><td colspan="2">人工单价</td><td colspan="6">小计</td><td></td><td></td><td></td><td></td></tr>
<tr><td colspan="2">元/工日</td><td colspan="6">未计价材料费</td><td colspan="4"></td></tr>
<tr><td colspan="8">清单项目综合单价</td><td colspan="4">364.27</td></tr>
<tr><td colspan="2" rowspan="8">材料费明细</td><td colspan="2">主要材料名称、规格、型号</td><td colspan="3">单位</td><td>数量</td><td>单价（元）</td><td>合价（元）</td><td>暂估单价（元）</td><td>暂估合价（元）</td></tr>
<tr><td colspan="2"></td><td colspan="3"></td><td></td><td></td><td></td><td></td><td></td></tr>
<tr><td colspan="2"></td><td colspan="3"></td><td></td><td></td><td></td><td></td><td></td></tr>
<tr><td colspan="2"></td><td colspan="3"></td><td></td><td></td><td></td><td></td><td></td></tr>
<tr><td colspan="2"></td><td colspan="3"></td><td></td><td></td><td></td><td></td><td></td></tr>
<tr><td colspan="2"></td><td colspan="3"></td><td></td><td></td><td></td><td></td><td></td></tr>
<tr><td colspan="6">其他材料费</td><td></td><td></td><td></td><td></td></tr>
<tr><td colspan="6">材料费小计</td><td></td><td></td><td></td><td></td></tr>
</table>

注　如不使用省级或行业建设主管部门发布的计价依据，可不填定额编号、名称等；招标文件提供了暂估单价的材料，按暂估的单价填入表内“暂估单价”栏及“暂估合价”栏。

（2）编制分部分项工程量清单与计价表。将已编制的工程量清单的内容填在相应的位置，计算出的每个分部分项工程的综合单价填在表中对应项目的综合单价栏中，再根据公式计算合价，见表3-19。

表 3-19　分部分项工程量清单与计价表（样表）

工程名称：　　　　　　　　　　　　　　标段：　　　　　　　　　　　　　　第　页　共　页

序号	项目编码	项目名称	项目特征描述	计量单位	工程量	金额（元）		
						综合单价	合价	其中：暂估价
1	010101001001	平整场地	1. 土壤类别：一类土	m^2	160.86	2.63	423	
…	…	…		…	…			
			本页小计					
			合计					

注　表中合价的结果取整数。

（3）编制措施项目清单与计价表，见表 3-6 和表 3-7。表 3-6 中的措施项目费可按费用定额的计费基础和工程造价管理机构发布的费率进行计算。表 3-7 中的综合单价的确定同分部分项工程量清单与计价表中的综合单价的确定方法相似。

（4）编制其他项目清单与计价表，见表 3-8～表 3-13。

（5）编制规费、税金项目清单与计价表，见表 3-14。

（6）编制单位工程费汇总表，见表 3-20。

表 3-20　单位工程费汇总表（样表）

工程名称：　　　　　　　　　　　　　　标段：　　　　　　　　　　　　　　第　页　共　页

序号	汇总内容	金额（元）	其中：暂估价（元）
1	分部分项工程		
1.1			
1.2			
1.3			
1.4			
1.5			
…	…	…	…
2	措施项目		—
2.1	其中：安全文明施工费		—
3	其他项目		—
3.1	其中：暂列金额		—
3.2	其中：专业工程暂估价		—
3.3	其中：计日工		—
3.4	其中：总承包服务费		—
4	规费		—
5	税金		—
	招标控制价合计＝1＋2＋3＋4＋5		

注　本表适用于单位工程招标控制价或投标报价的汇总，如无单位工程划分，单项工程也使用本表汇总。

（7）编制单项工程费汇总表，见表 3-21。

表 3-21　　单项工程费汇总表（样表）

工程名称：　　　　　　第　页　共　页

序号	单项工程名称	金额（元）	其中：（元）		
			暂估价	安全文明施工费	规费
合计					

注　本表适用于单项工程招标控制价或投标报价的汇总。暂估价包括分部分项工程中的暂估价和专业工程暂估价。

知识链接

新版《内蒙古自治区建设工程计价依据（2017 届）》依据《建设工程工程量清单计价规范》（GB 50500—2013）及各专业计量规范，结合自治区实际编制并审查通过，于 2018 年 1 月 1 日起执行。现行的定额中建设工程费按照工程造价形成划分，由分部分项工程费、措施项目费、其他项目费、规费和税金组成。分部分项工程的定额单价为综合单价，包含人工费、材料费、施工机具使用费、管理费和利润，与实际不符时，再作调整，逐步实现与国家计价依据相统一。

1）现行预算定额中总价措施项目中增加了工程定位复测、特殊地区施工增加。

2）企业管理费、利润费率的确定不再依据划分的工程类别，建筑与装饰工程的费率分别是 20%、16%，计算基础为人工费（不含机上人工费），均为竞争性费用，可依据自身情况进行浮动。

3）规费除工程排污费外，按人工费（不含机上人工费）的 19%计算。

4）税金是指国家税法规定的应计入建设工程造价内的增值税（销项税额），税率为 9%。

（8）编制总说明。总说明应按下列内容填写表 3-22。

1）工程概况：建设规模、工程特征、计划工期、合同工期、实际工期、施工现场及变化情况、施工组织设计的特点、自然地理条件、环境保护要求等。

2）编制依据、清单计价范围等。

表 3-22　　总说明（样表）

1. 工程概况 2. 工程量清单计价范围 3. 工程量清单计价编制依据

（9）封面的填写形式，见表 3-23。

表 3-23 封 面

______________工程 **招标控制价** 招标控制价（小写）：______________ （大写）：______________ 招标人：______________ 造价咨询人：______________ （单位盖章） （单位资质专用章） 法定代表人 或其授权人：______________ 法定代表人 或其授权人：______________ （签字或盖章） （签字或盖章） 编制人：______________ 复核人：______________ （造价人员签字盖专用章） （造价工程师签字盖专用章） 编制时间： 年 月 日 复核时间： 年 月 日

（10）整理装订成册。装订顺序自上而下依次为：封面→编制总说明→单项工程投标报价汇总表→单位工程投标报价汇总表→分部分项工程量清单与计价表→措施项目清单与计价表（包括措施项目清单与计价表和总价措施项目清单与计价表）→其他项目清单与计价表（包括其他项目清单与计价汇总表、暂列金额明细表、材料暂估单价表、专业工程暂估价表、计日工表和总承包服务费计价表）→规费、税金项目清单与计价表→分部分项工程量清单综合单价分析表→措施项目清单综合单价分析表→分部分项工程量计算表→封底。

3. 编制工程量清单计价时间安排

广联达软件操作编制招标控制价时间安排，见表 3-24。

表 3-24 编制招标控制价时间安排

序号	实训的内容	时间（天）
1	工程量清单综合单价分析计算	1
2	计算分部分项工程项目费	1.5
3	计算措施项目费，计算其他项目费	0.5
4	计算规费、税金，计算单位工程招标控制价	0.5
5	招标控制价文件的编制说明，填写封面，整理、装订	0.5
6	合计	4

第4章　综 合 实 训 项 目

学 习 目 标

能学懂实例项目的工程量清单和工程量清单计价的全过程编制，学会专业知识在具体项目中的合理运用，采用清单计价方法能独立完成一个单位工程的施工图预算，培养学生专业实操能力和综合素质能力。

学 习 要 求

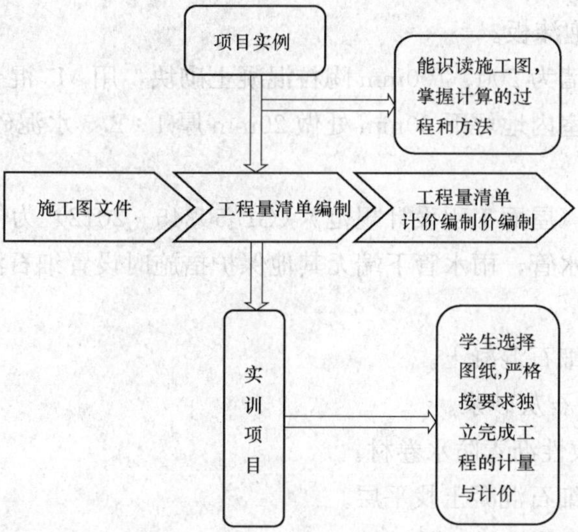

4.1 某小学综合楼施工图预算实例

4.1.1 建筑设计说明

1. 工程概况

(1) 该工程为某小学综合楼，结构类型为框架结构。

(2) 工程位于县城镇，建筑层数为地上2层，建筑面积1369.48m^2，建筑高度9.18m。

(3) 抗震设计烈度为6度，耐火等级为二级，使用年限50年；室内外高差为300mm。

2. 墙体工程

(1) 非承重的外围护墙采用300mm厚陶粒混凝土砌块，用M5混合砂浆砌筑，外贴60mm厚挤塑聚苯乙烯泡沫板。

(2) 建筑物的内隔墙为200、100mm陶粒混凝土砌块，用M5混合砂浆砌筑。

(3) 墙身防潮层在室内地坪下60mm处做20mm厚1∶2.5水泥砂浆内加5%防水剂。

3. 屋面工程

该工程屋面设计以《屋面工程设计规范》(GB 50345—2012)为依据，排水方式采用外排水，雨水管采用钢雨水管，雨水管下端无其他保护措施时设置细石混凝土水簸箕，屋面工程的具体做法如下：

(1) 40mm厚C20细石混凝土。

(2) 10mm厚1∶4石灰砂浆。

(3) 4mm厚SBS改性沥青防水卷材。

(4) 30mm厚C20细石混凝土找平层。

(5) 80mm厚挤塑聚苯板保温层。

(6) 20mm厚1∶2.5水泥砂浆找平层。

(7) 最薄处30mm厚1∶8水泥憎水性膨胀珍珠岩找坡层。

(8) 1.5mm厚聚氨酯防水涂料隔汽层。

(9) 20mm厚1∶2.5水泥砂浆找平层。

(10) 现浇钢筋混凝土屋面板。

4. 楼地面工程

在不同功能空间的具体工程做法如下：

(1) 楼梯间地面1做法。

1) 20mm厚花岗岩板、稀水泥浆擦缝。

2) 30mm厚1∶3干硬性水泥砂浆。

3) 素水泥浆一道。

4) 60mm厚C15混凝土垫层。

5) 150mm厚碎石灌M5水泥砂浆。

6）素土夯实。

（2）大厅、办公室、晨检室、隔离室、寝室、活动室、衣帽间、医务保健室地面2工程做法。

1）8～10mm厚地砖铺实拍平，稀水泥浆擦缝。

2）20mm厚1∶3干硬性水泥砂浆。

3）素水泥浆一道。

4）50mm厚C15豆石混凝土（上下配ϕ3mm双向@50mm钢丝网片，中间敷散热器）。

5）0.2mm厚真空镀铝聚酯薄膜。

6）20mm厚挤塑聚苯乙烯泡沫塑料板。

7）1.5mm厚合成高分子防水涂料防潮层。

8）20mm厚1∶3水泥砂浆找平层。

9）素水泥浆一道。

10）60mm厚C15混凝土垫层。

11）150mm厚碎石灌M5水泥砂浆。

12）素土夯实。

（3）卫生间地面3工程做法。

1）8～10mm厚地砖铺实拍平，稀水泥浆擦缝。

2）20mm厚1∶3干硬性水泥砂浆。

3）1.5mm厚合成高分子防水涂料。

4）50mm厚C15豆石混凝土（上下配ϕ3mm双向@50mm钢丝网片，中间敷散热器）。

5）0.2mm厚真空镀铝聚酯薄膜。

6）20mm厚挤塑聚苯乙烯泡沫塑料板。

7）1.5mm厚合成高分子防水涂料防潮层。

8）20mm厚1∶3水泥砂浆找平层。

9）素水泥浆一道。

10）60mm厚C15混凝土垫层。

11）150mm厚碎石灌M5水泥砂浆。

12）素土夯实。

（4）办公室、科技室、管理室、图书室、教师阅览室楼面1、2工程做法。

1）8～10mm厚地砖铺实拍平，稀水泥浆擦缝。

2）20mm厚1∶3干硬性水泥砂浆。

3）素水泥浆一道。

4）50mm厚C15豆石混凝土（上下配ϕ3mm双向@50mm钢丝网片，中间敷散热器）。

5）0.2mm厚真空镀铝聚酯薄膜。

6）20mm厚挤塑聚苯乙烯泡沫塑料板。

7）1.5mm厚合成高分子防水涂料防潮层。

8）20mm 厚 1∶3 水泥砂浆找平层。

9）素水泥浆一道。

10）现浇钢筋混凝土楼板。

（5）楼梯间平台 3 工程做法。

1）20mm 厚花岗岩楼面实拍平，稀水泥浆擦缝。

2）30mm 厚 1∶3 干硬性水泥砂浆接合层。

3）现浇钢筋混凝土板随打随抹平。

（6）除楼梯间的其他房间踢脚线 1（H=120mm）工程做法。

1）9mm 厚 1∶3 水泥砂浆。

2）6mm 厚 1∶2 水泥砂浆找平。

3）素水泥浆一道（用专用胶粘剂粘贴时无此道工序）。

4）3～4mm 厚 1∶1 水泥砂浆（或配套专用胶粘剂）粘接层。

5）5～7mm 厚面砖，水泥浆擦缝。

（7）楼梯间踢脚线 2（H=120mm）工程做法。

1）9mm 厚 1∶3 水泥砂浆。

2）6mm 厚 1∶2 水泥砂浆找平。

3）素水泥浆一道（用专用胶粘剂粘贴时无此道工序）。

4）4～5mm 厚 1∶1 水泥砂浆加水重 20%建筑胶（或配套专用胶粘剂）粘接层。

5）8～10mm 厚大理石铺实拍平，稀水泥浆擦缝。

（8）楼梯间踏面、踢面工程做法。

1）20mm 厚花岗岩踢面、踏面（背面涂专用胶粘剂）。

2）撒素水泥面。

3）30mm 厚 1∶3 水泥砂浆找平层。

4）现浇钢筋混凝土梯段。

5. 墙面工程

（1）外墙 1（面砖墙面）工程做法。

1）混凝土砌块墙。

2）15mm 厚 1∶3 水泥砂浆找平层。

3）60mm 厚岩棉板保温层。

4）抹第一道抹面胶浆 3～6mm 厚，压入耐碱玻璃纤维网布。

5）锚栓锚固抹面胶浆复合耐碱玻璃纤维网布。

6）抹第二道抹面胶浆 3～6mm 厚，压入耐碱玻璃纤维网布。

7）薄抹第三道抹面胶浆。

8）9mm 厚 1∶3 水泥砂浆。

9）6mm 厚 1∶2.5 水泥砂浆找平。

10）5mm 厚干粉类聚合物水泥防水砂浆。

11）配套专业胶粘剂粘接。

12）4～5mm 厚陶瓷锦砖，填缝剂填缝。

（2）外墙 2（真石漆墙面）工程做法。

1）混凝土砌块墙。

2）15mm 厚 1∶3 水泥砂浆找平层。

3）60mm 厚岩棉板保温层。

4）抹第一道抹面胶浆 3～6mm 厚，压入耐碱玻璃纤维网布。

5）锚栓锚固抹面胶浆复合耐碱玻璃纤维网布。

6）抹第二道抹面胶浆 3～6mm 厚，压入耐碱玻璃纤维网布。

7）薄抹第三道抹面胶浆。

8）9mm 厚 1∶3 水泥砂浆。

9）6mm 厚 1∶2.5 水泥砂浆找平。

10）5mm 厚干粉类聚合物水泥防水砂浆。

11）涂饰底层涂料。

12）喷涂主层涂料。

13）涂饰面层涂料两遍。

（3）油漆墙裙（H=1300mm）工程做法。

1）刷专业界面剂一遍。

2）9mm 厚 1∶3 水泥砂浆。

3）6mm 厚 1∶2 水泥砂浆找平。

4）满刮腻子。

5）底漆一遍。

6）调和漆两遍。

（4）除卫生间外的其他房间内墙 1 工程做法。

1）9mm 厚 1∶6 水泥石灰砂浆。

2）6mm 厚 1∶0.5∶3 水泥石灰砂浆抹平。

3）2～3mm 厚柔性耐水腻子分遍批刮，磨平。

（5）卫生间内墙 2 工程做法。

1）9mm 厚 1∶3 水泥砂浆压实抹平。

2）4～5mm 厚 1∶1 水泥砂浆加水重 20％建筑胶（或配套专用胶粘剂）粘接层。

3）配套专业胶粘剂粘接。

4）4～5mm 厚釉面砖，填缝剂填缝。

6. 天棚工程

（1）除卫生间外房间顶棚 1 工程做法。

1）现浇钢筋混凝土底板面清理干净。

2）2～3mm 厚柔性型腻子分遍刮平。

3）表面刷涂料。

（2）卫生间顶棚 2 工程做法。

1）配套金属龙骨。

2）铝合金方形板吊顶。

7. 门窗工程

该工程的门窗尺寸（宽度×高度）均表示洞口尺寸，括号中数字表示门窗数量；卫生间窗户玻璃均采用磨砂玻璃；所有外窗加设窗纱；幼儿经常出入的门在距地 0.6m 处加设专用拉手，并采用安全玻璃，入口处采用夹胶钢化玻璃；具体尺寸如下：

BLM1（1）：(2150＋6500＋2150)mm×3150mm，铝合金玻璃门

BLM2（1）：(2150＋5300＋2150)mm×3150mm，铝合金玻璃门

M6132（1）：6100mm×3150mm，铝合金玻璃门

M5232（1）：5200mm×3150mm，铝合金玻璃门

M1521（7）：1500mm×2100mm，镶板门

M1521a（7）：1500mm×2100mm，半玻夹板门

M1221（1）：1200mm×2100mm，镶板门

M1021（6）：1000mm×2100mm，镶板门

M0821（7）：800mm×2100mm，镶板门

乙 FM0821（1）：800mm×2100mm，电气间门（乙级防火门，改宽、高）

C1012（2）：1000mm×1200mm，断桥铝合金窗（推拉窗）

C1023（3）：1000mm×2250mm，断桥铝合金窗（内平开窗）

C1212（2）：1200mm×1200mm，断桥铝合金窗（内平开窗）

C1523（7）：1500mm×2250mm，断桥铝合金窗（内平开窗）

C1823（14）：1800mm×2250mm，断桥铝合金窗（内平开窗）

C0827（2）：800mm×2700mm，断桥铝合金窗（内平开窗）

C0627（6）：600mm×2700mm，断桥铝合金窗（内平开窗）

C1029（3）：1000mm×2850mm，断桥铝合金窗（内平开窗）

C1515（2）：1500mm×1500mm，断桥铝合金窗（内平开窗）

C2423（1）：2400mm×2250mm，断桥铝合金窗（内平开窗）

BOMQ1（1）：7500mm×8280mm，玻璃幕

BOMQ2（1）：2300mm×8580mm，玻璃幕

DK0924（2）：900mm×2400mm，洞口

4.1.2 结构设计说明

1. 工程概况

该工程为框架结构，基础形式采用混凝土独立基础，房屋高度为 7.8m；工程施工图设计是根据《混凝土结构施工图平面整体表示方法制图规则和构造详图》（16G101）系列图集

绘制；建筑场地类别为二类，无地下水。

2. 主要结构材料

（1）混凝土。混凝土采用预拌混凝土，混凝土强度等级要求：独立基础、梁、板、柱均为C30；基础垫层为C15；圈梁、构造柱、过梁为C25。该工程混凝土的环境类别：基础、室外外露构件为二b类；水箱间、卫生间为二a类；其余为一类。

（2）钢筋。混凝土构件钢筋级别为HPB235和HRB335；光圆钢筋采用绑扎连接，钢筋机械连接的选用应满足《钢筋机械连接技术规程》（JGJ 107—2016）的要求。

（3）砌体。外围砌块墙及内隔墙砌筑时使用Mb5砌筑砂浆，地面以上及防潮层以下用M7.5水泥砂浆砌筑实心砖，用Mb10水泥砂浆砌筑混凝土砌块。

3. 混凝土结构构造要求

（1）钢筋混凝土保护层厚度。

1）基础40mm，地梁35mm。

2）埋入土中柱45mm，梁40mm。

3）水箱间、卫生间：板20mm，梁、柱25mm。

4）其他梁、柱20mm，楼板、楼梯、墙15mm。

（2）钢筋连接。当受力钢筋直径大于或等于18mm时，应采用机械连接接头，其他钢筋优先采用机械连接，也可采用绑扎连接或焊接。

（3）混凝土板。除图中注明者外，现浇板内分布钢筋可按板厚设置，板厚在90～120mm间（包含120mm）的分布筋使用ϕ6@150mm，板厚在120～160mm间的分布筋使用ϕ8@200mm（三级钢）。当屋面板或楼板板厚大于或等于130mm，板上部受力钢筋未双向拉通，且图中未注明防裂钢筋，附加钢筋按板厚为130、140mm时，设置板分布筋ϕ6@20mm0；板厚为15～180mm间时，设置板分布筋ϕ6@150mm，并与支座受力钢筋搭接L_1。

（4）填充墙。填充墙沿框架柱全高每500～600mm设2ϕ6mm（墙厚大于240mm时为3ϕ6mm）拉结筋，钢筋深入填充墙的长度不宜小于700mm，且拉结筋应错开截断，间距不宜小于200mm。

（5）过梁。当门窗洞口的宽度小于2400mm时，过梁长度按洞口宽度每边各加250mm，高度200mm；当门窗洞口宽度大于或等于2400mm时，过梁长度按洞口宽度每边各加300mm，高度300mm；梁宽都同墙厚，钢筋设置按构造要求。

（6）基础说明。

1）基础垫层采用C15混凝土100mm。

2）地梁顶标高为－0.15m，地梁底铺设80mm厚聚苯板下再设300mm防冻砂垫层。

3）地沟采用图集02G04－(3) 9页。地沟遇基础梁底标高降低600mm，地沟入口处，地沟遇独立基础时，独立柱基础底加深800mm。

4.1.3 某小学综合楼施工图

某小学综合楼施工图如图4-1～图4-22所示。

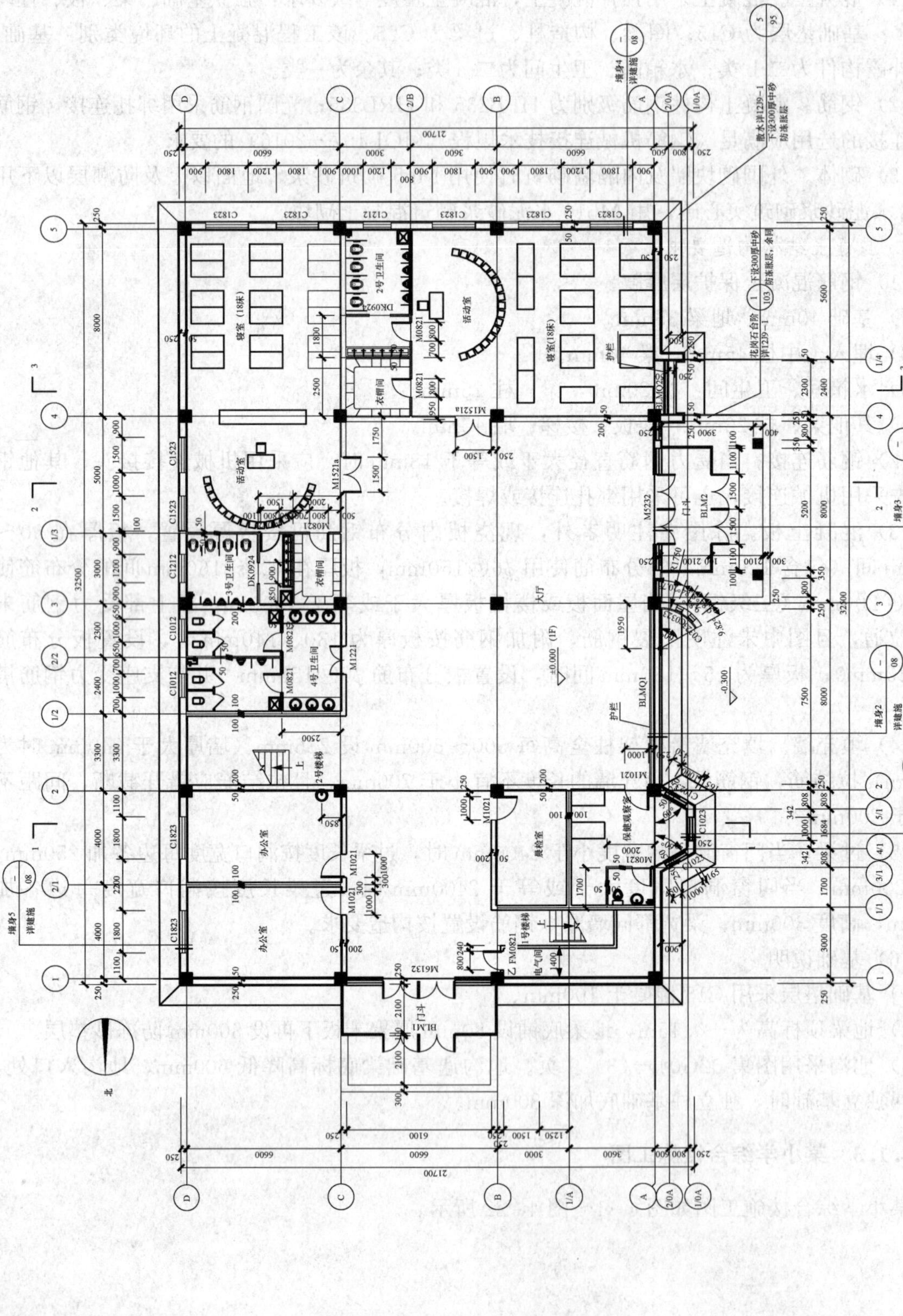

一层平面图1∶100

图4-1 一层平面图

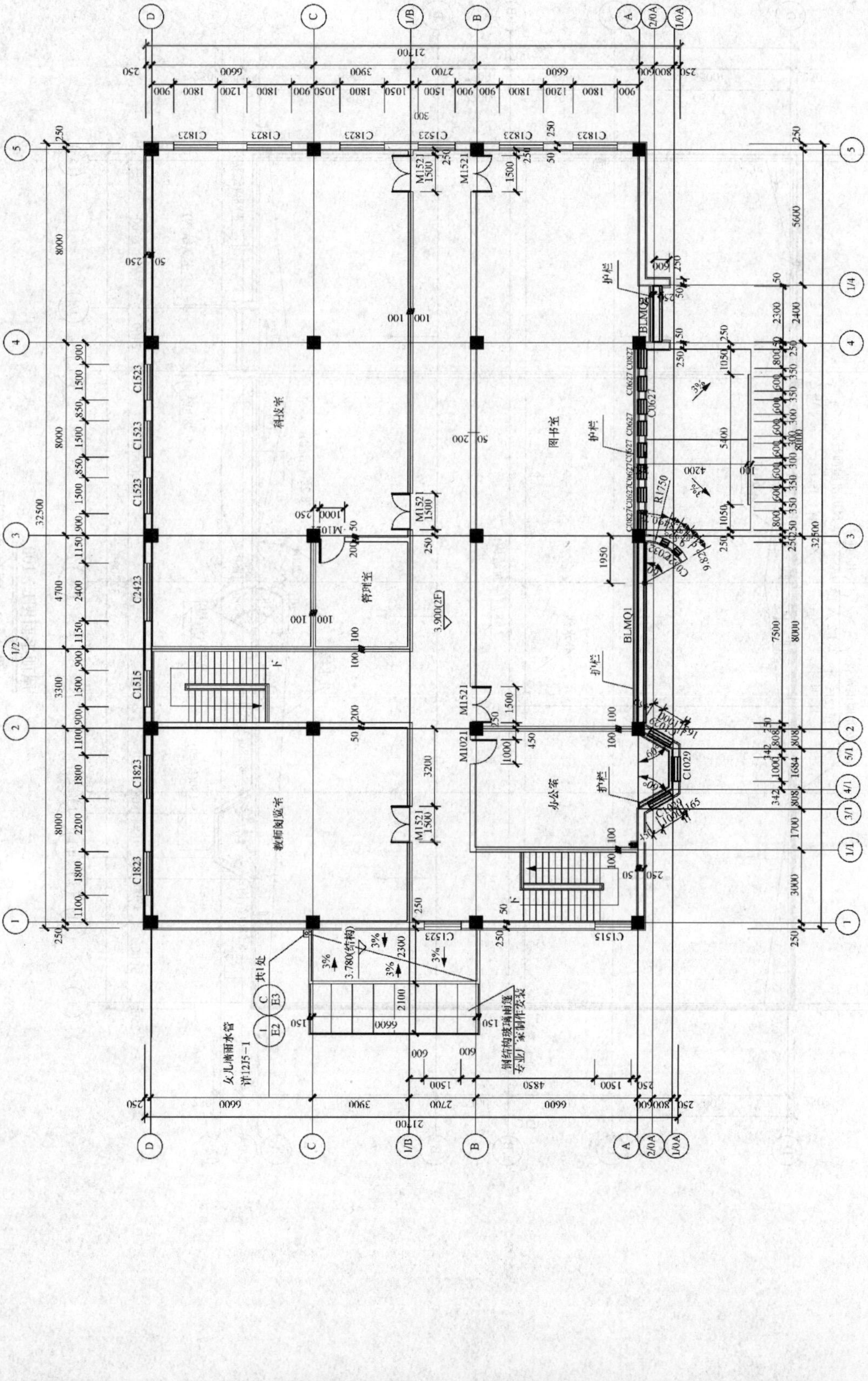

二层平面图1∶100

图 4-2　二层平面图

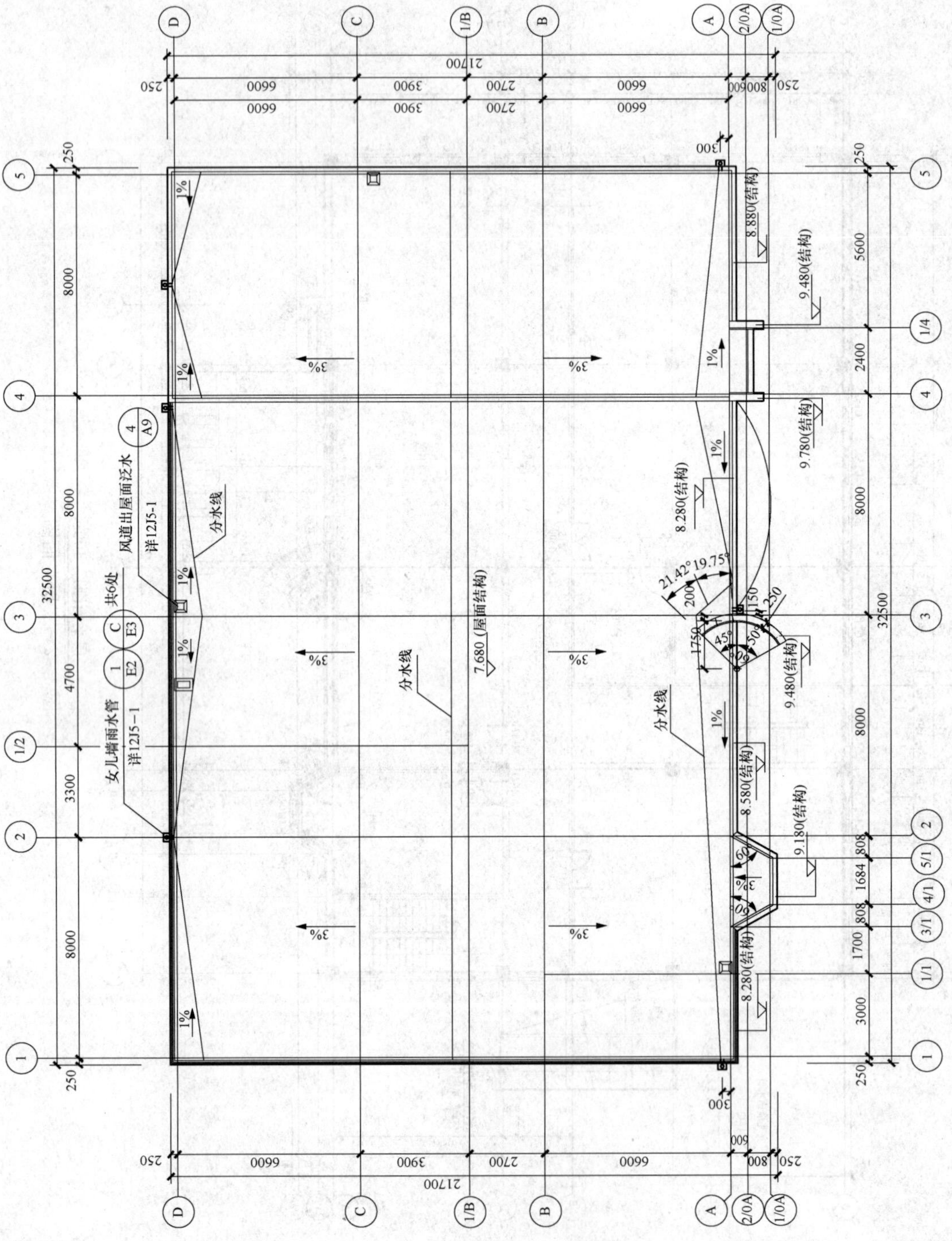

屋顶平面图1：100

图4-3 屋顶平面图

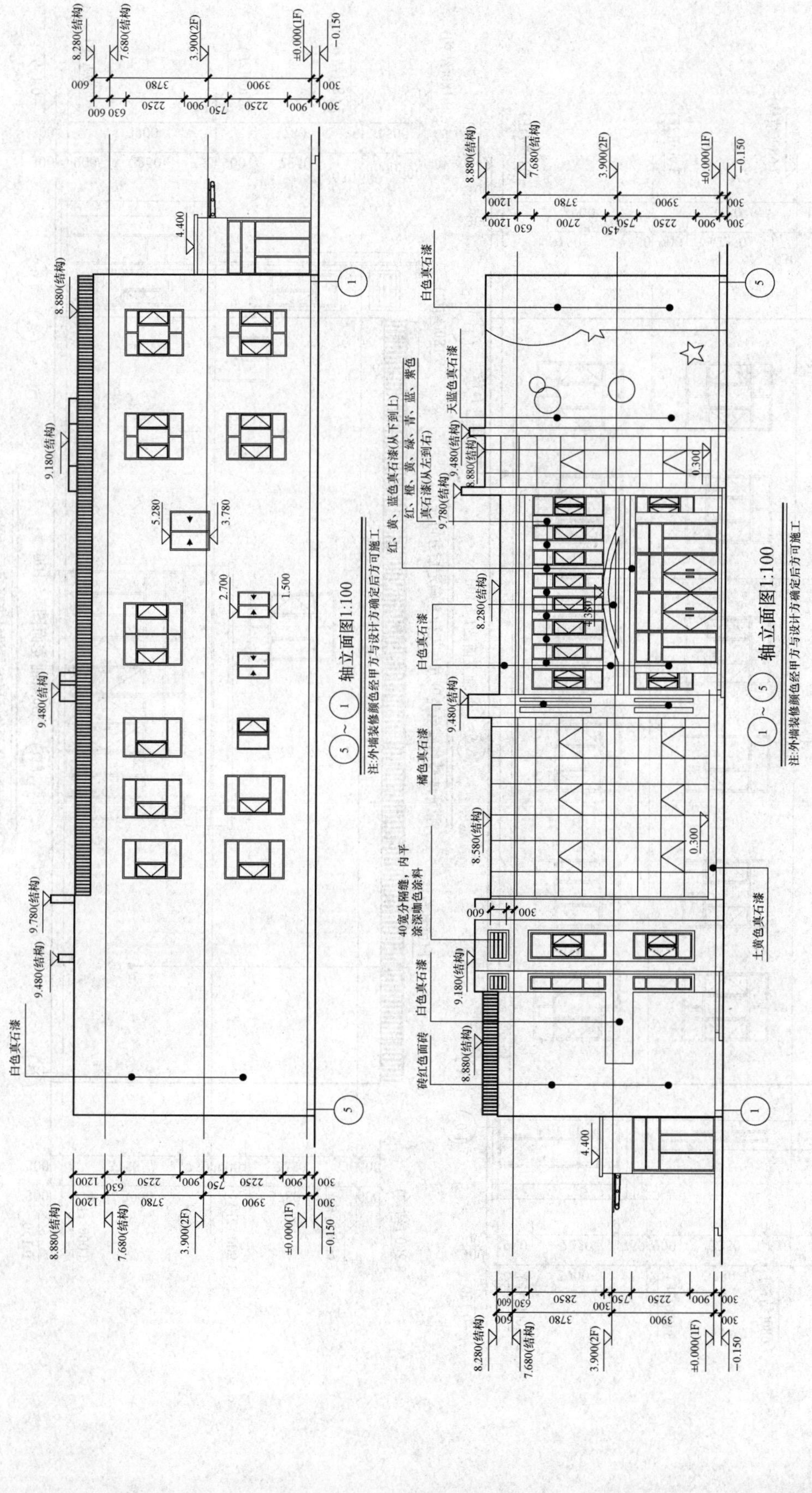

图4-4 ⑤~①轴立面、①~⑤轴立面图

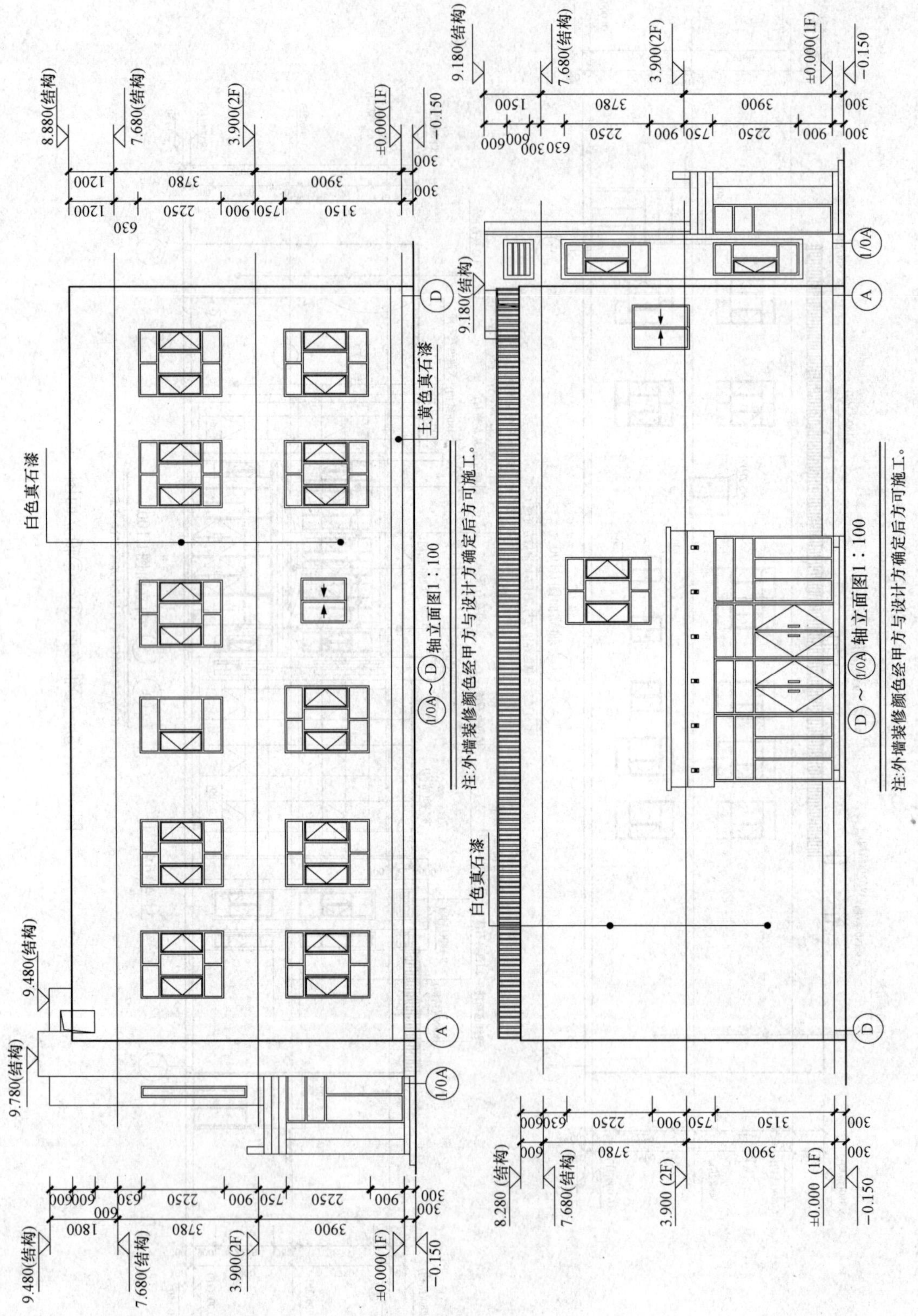

图4-5 1/0A~D轴立面图、D~1/0A轴立面图

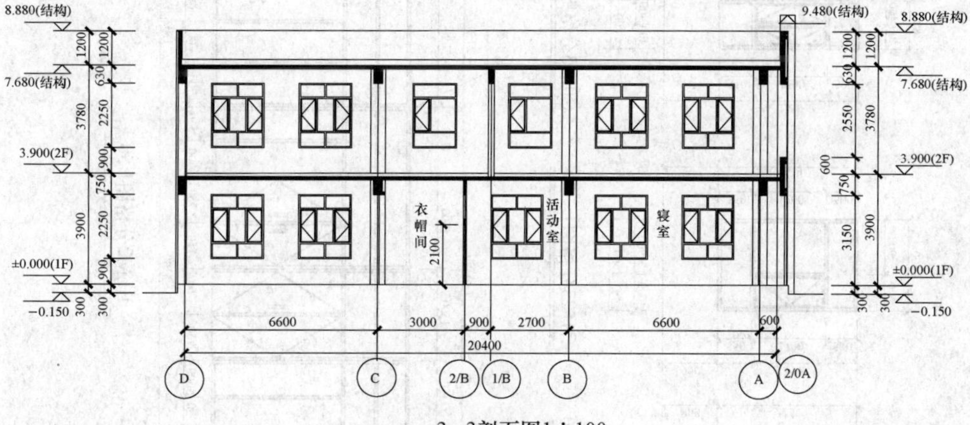

3-3剖面图1：100

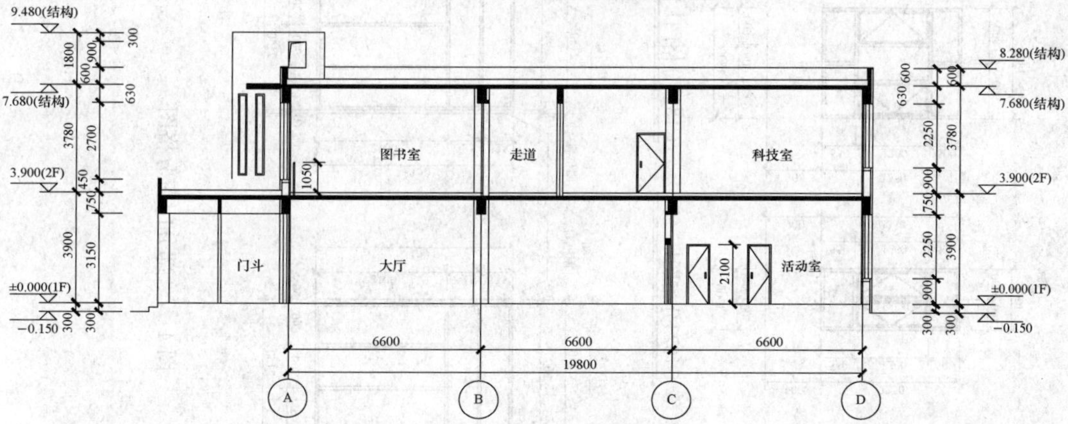

2-2剖面图1：100

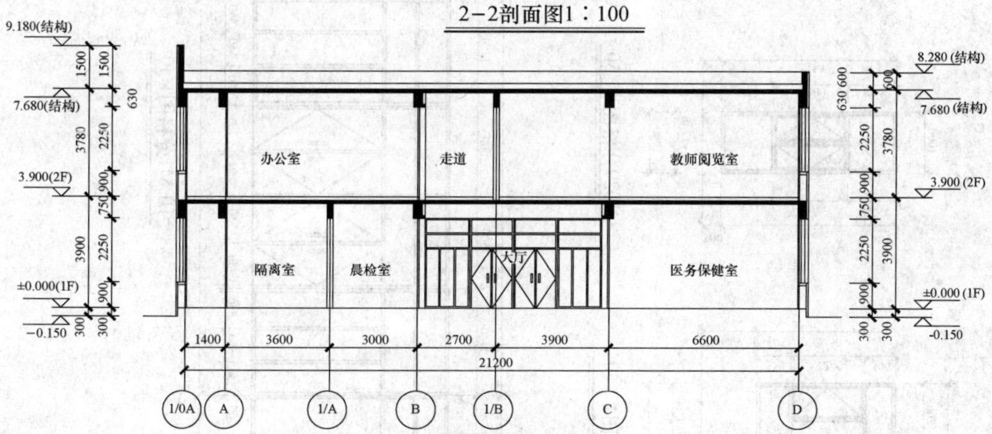

1-1剖面图1：100

图 4-6 1-1剖面图、2-2剖面图、3-3剖面图

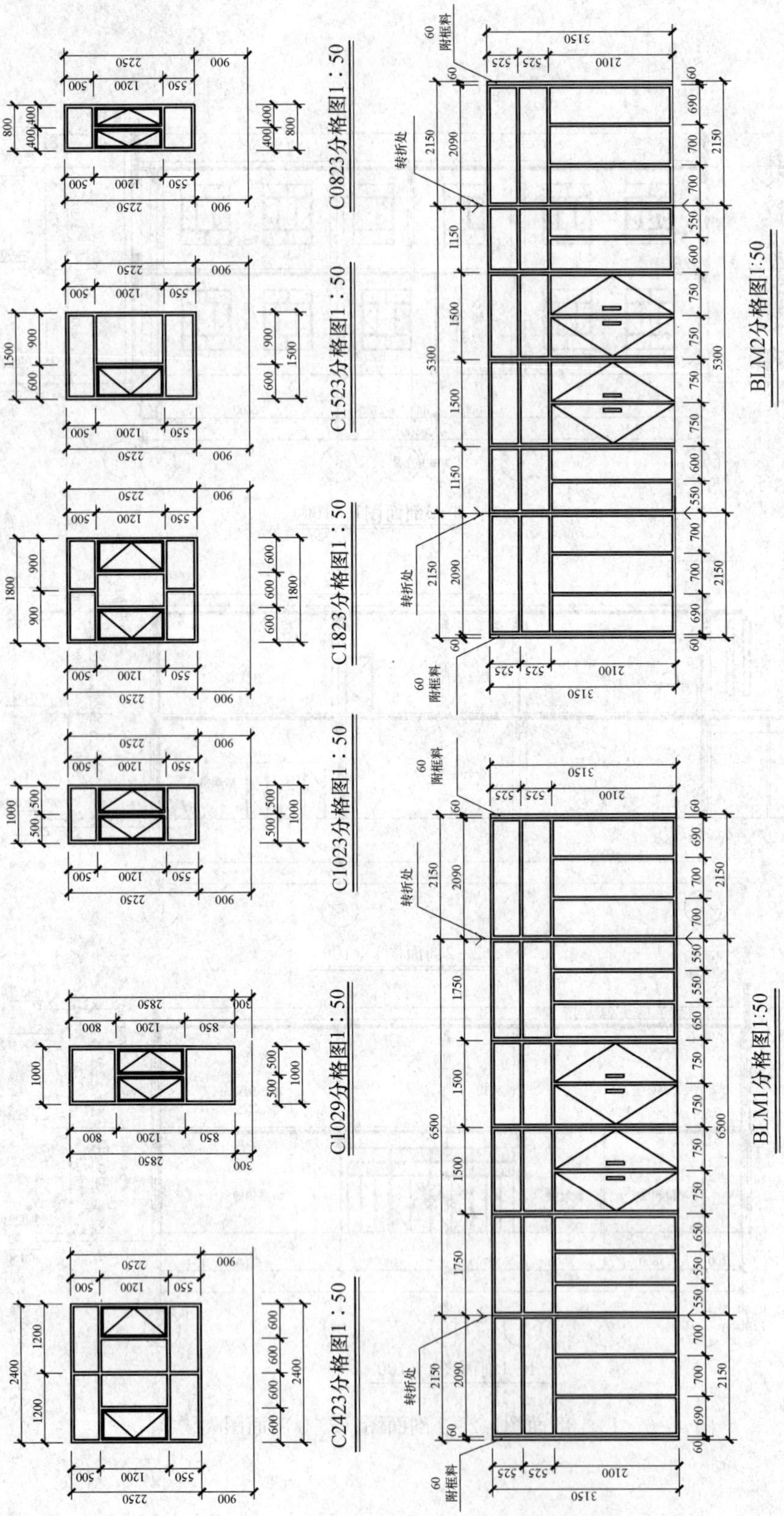
C0823分格图1:50
C1523分格图1:50
C1823分格图1:50
C1023分格图1:50
C1029分格图1:50
C2423分格图1:50
BLM2分格图1:50
BLM1分格图1:50

图 4-7 部分门窗分格图

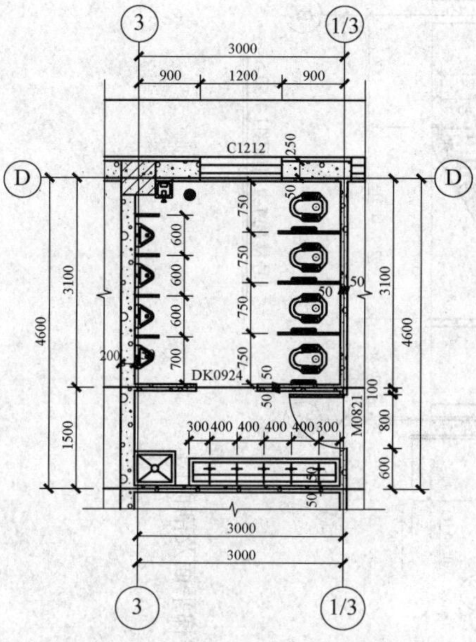

3号卫生间平面布置大样图1：50

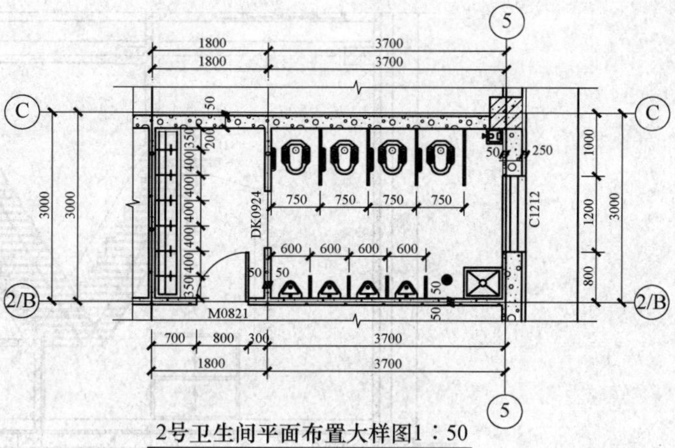

2号卫生间平面布置大样图1：50

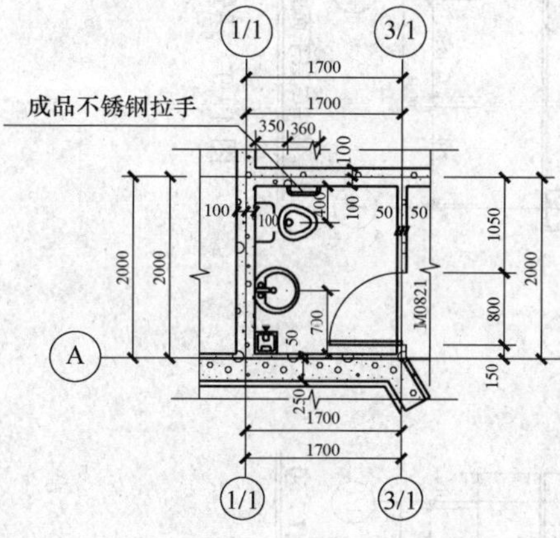

1号卫生间平面布置大样图1：50

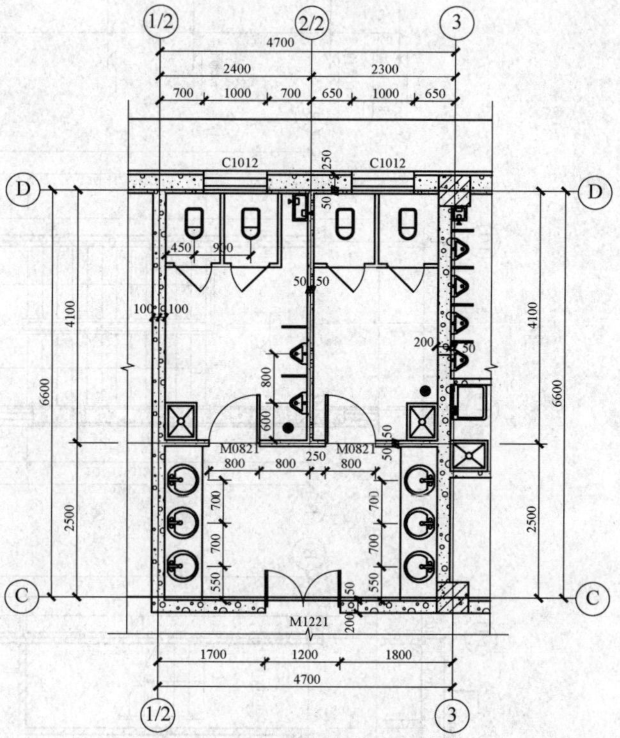

4号卫生间平面布置大样图1：50

图4-8 卫生间平面布置大样图（1～4号）

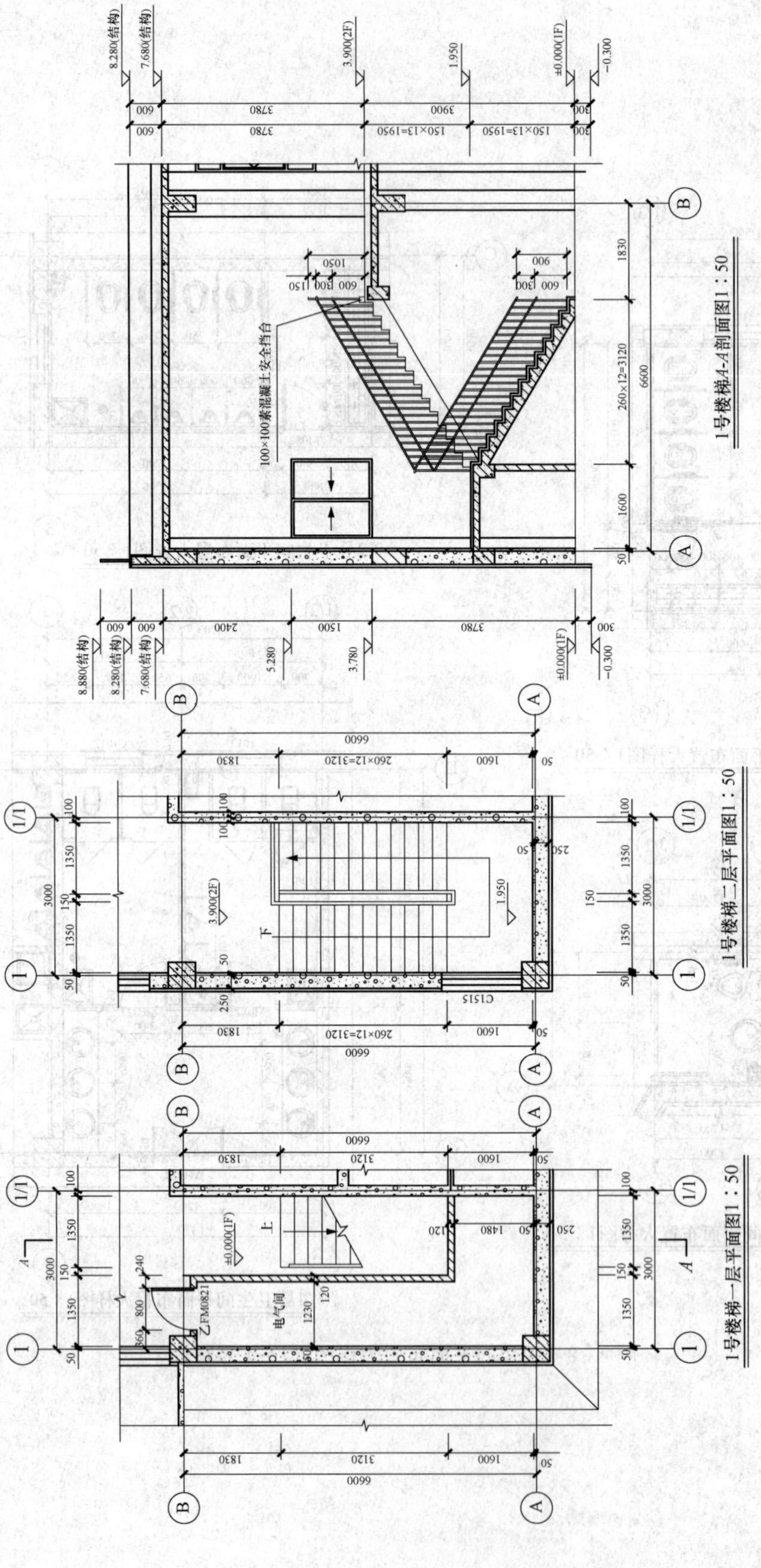

图 4-9 建筑 1 号楼梯平面及剖面图

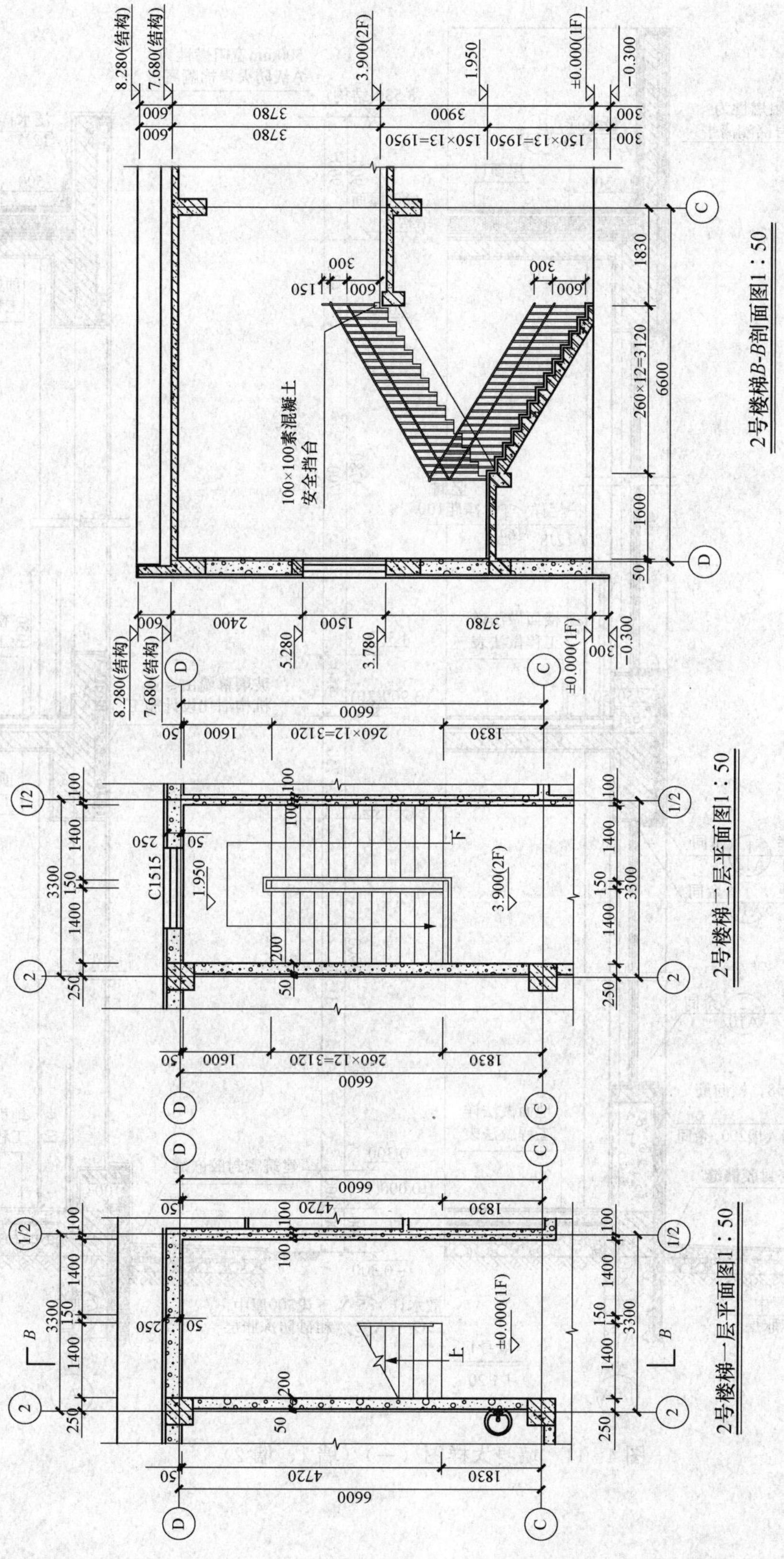

图4-10 建筑2号楼梯平面及剖面图

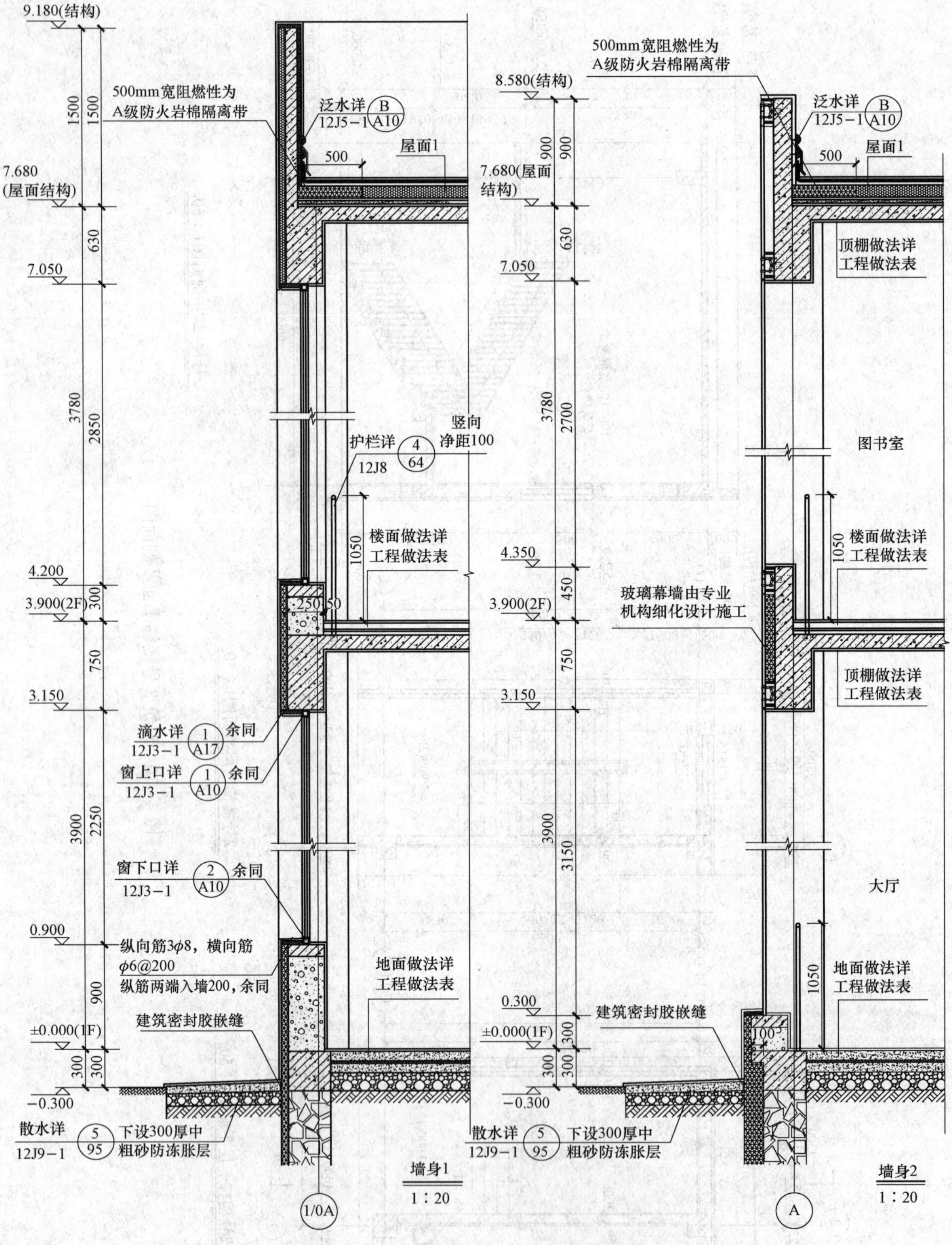

图 4－11 墙身大样图（一）（墙 1、墙 2）

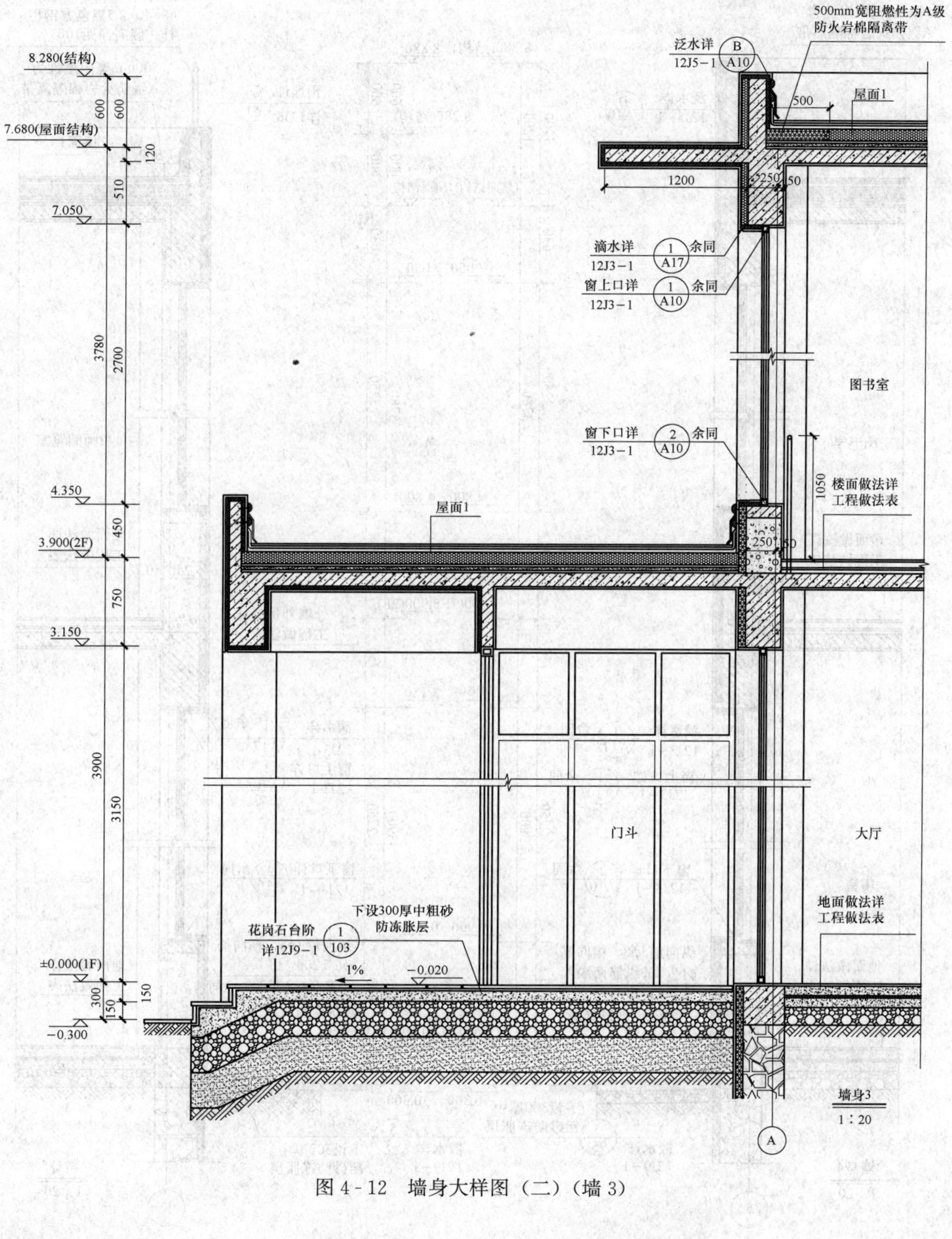

图 4-12 墙身大样图（二）（墙 3）

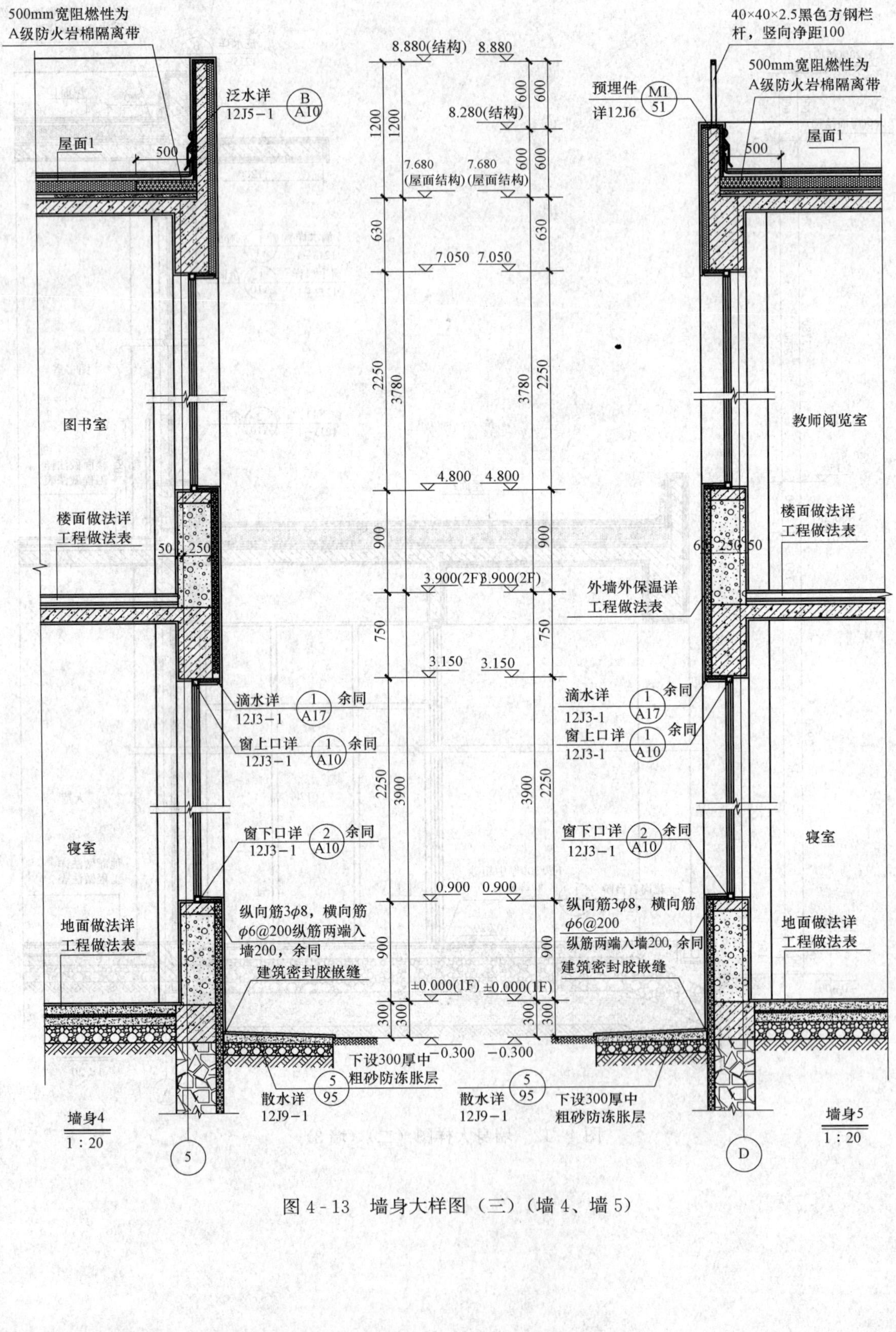

图 4－13 墙身大样图（三）（墙 4、墙 5）

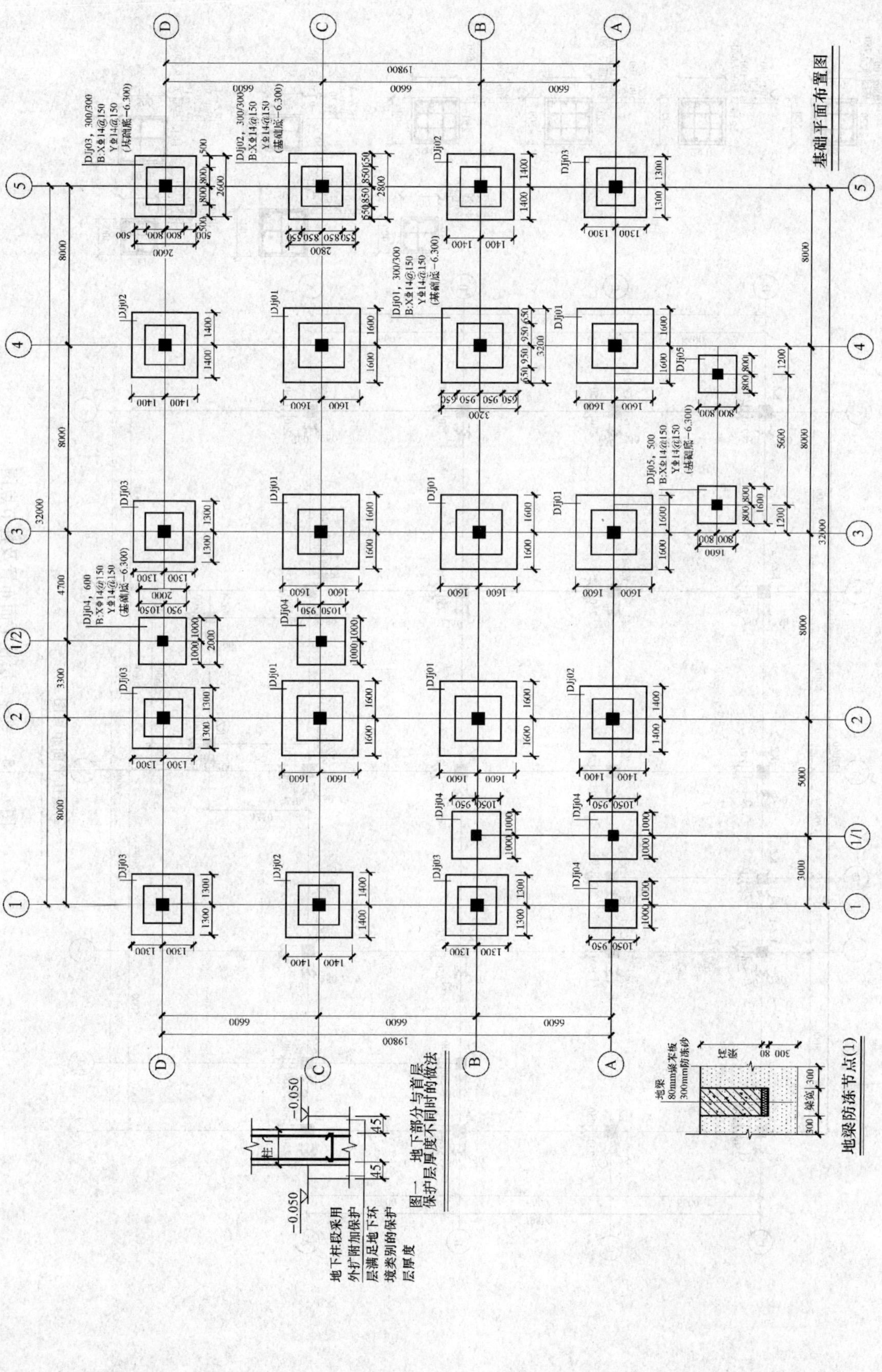

图4-14 基础平面布置图及节点图(地梁防冻节点、图一)

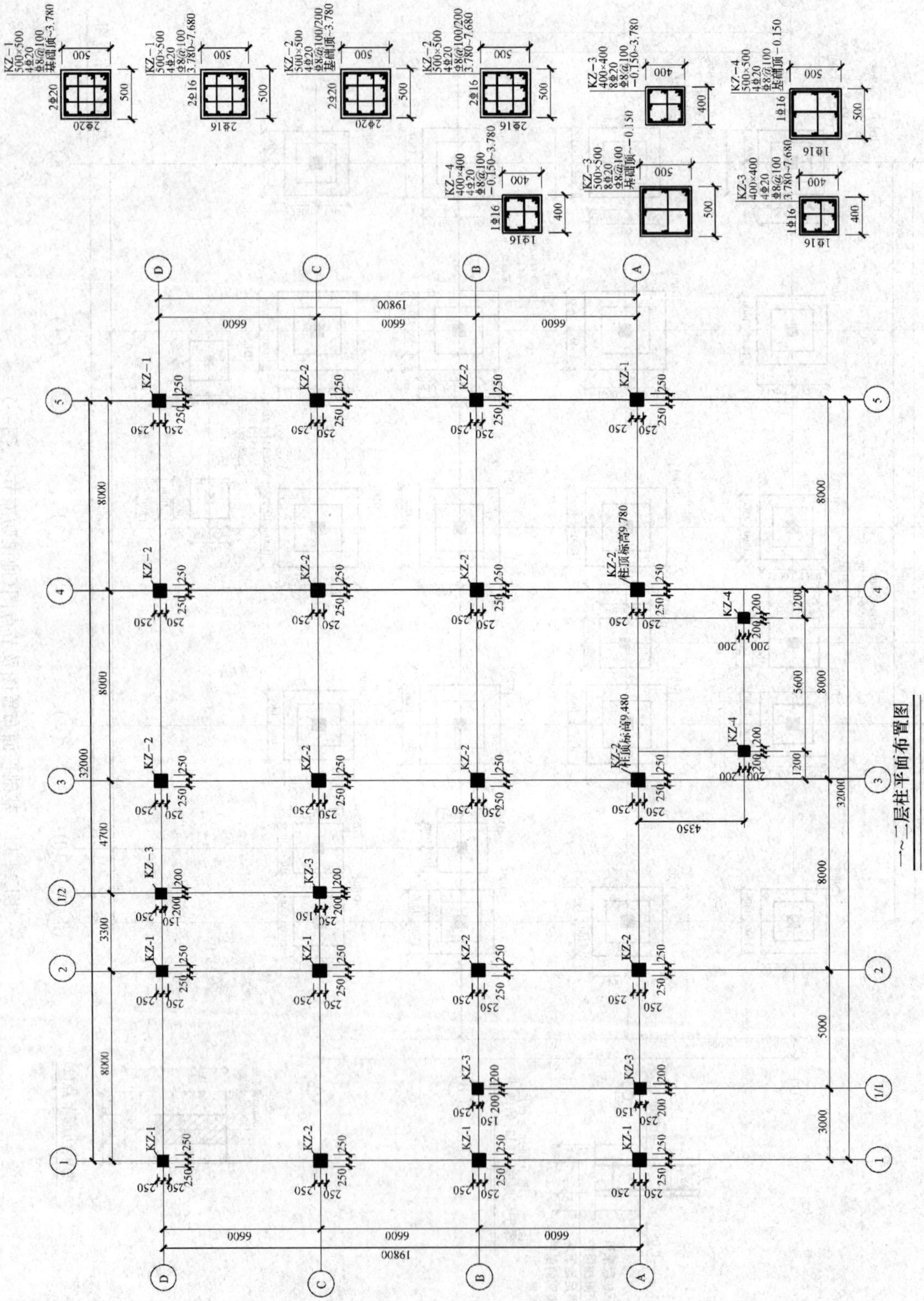

图 4-15 一~二层柱平面布置及柱节点图

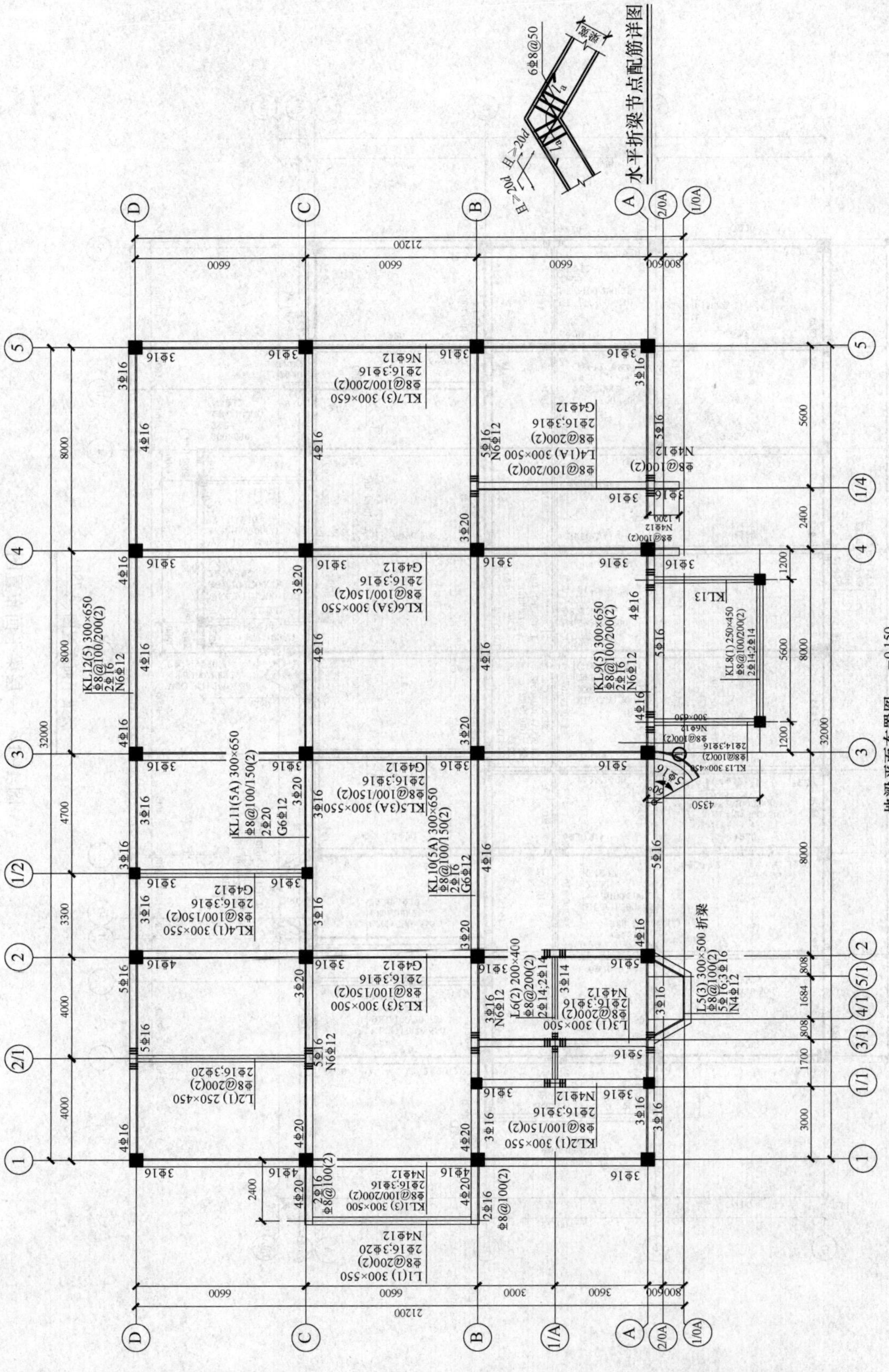

图 4-16 地梁平面布置图

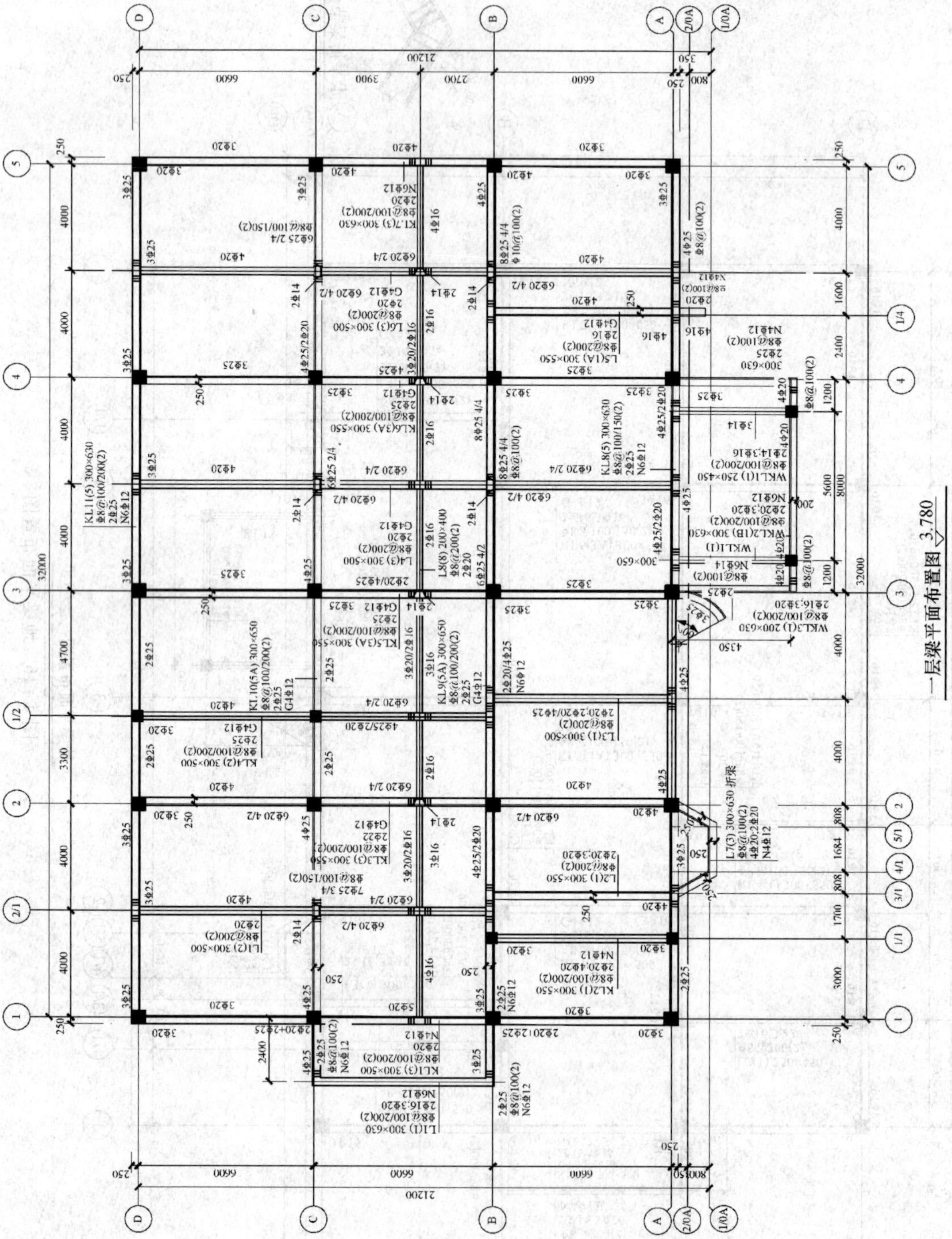

图 4-17 一层梁平面布置图

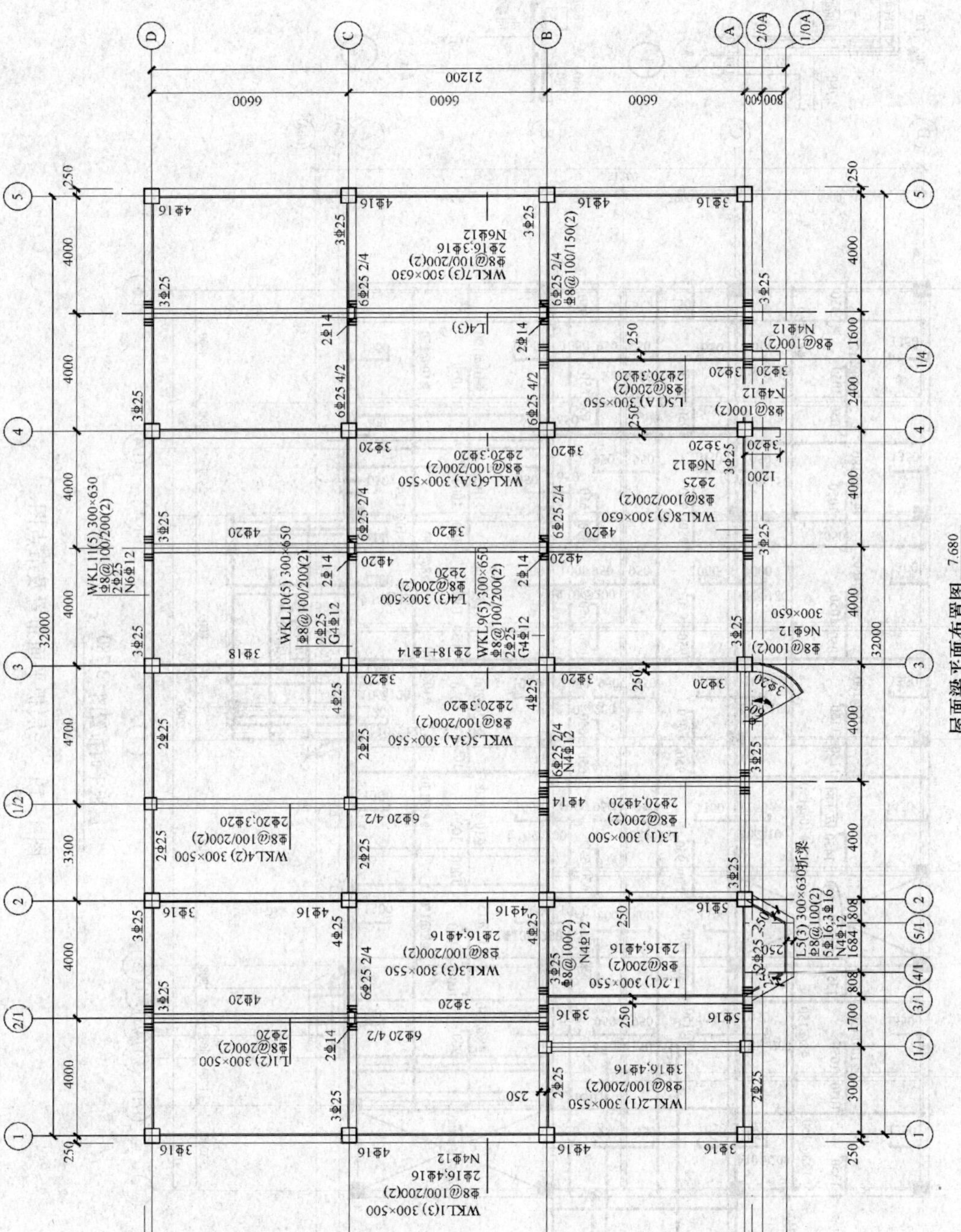

图 4-18 屋面梁平面布置图

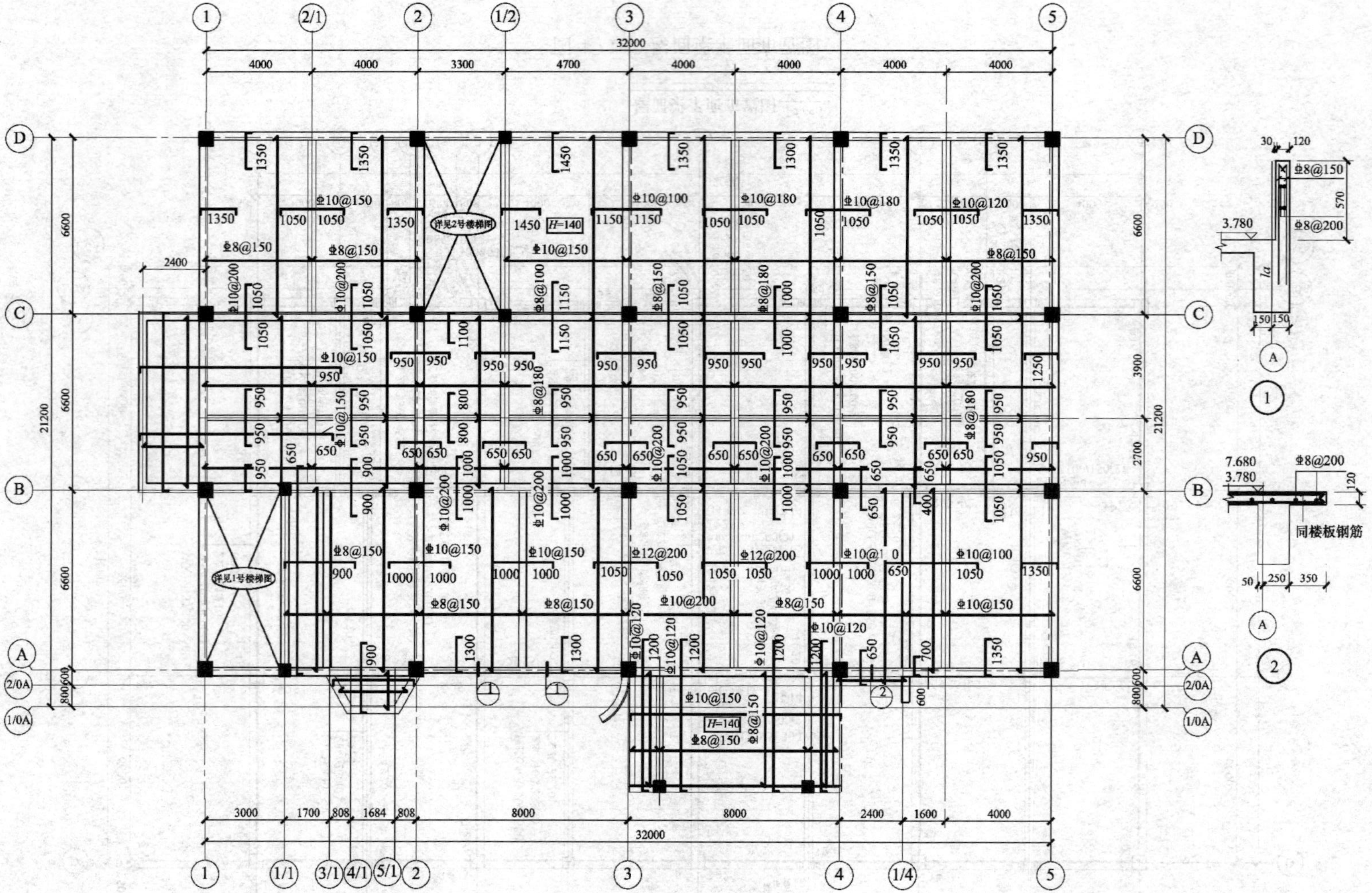

一层板平面布置图 3.780

图 4-19 一层板平面布置及节点图

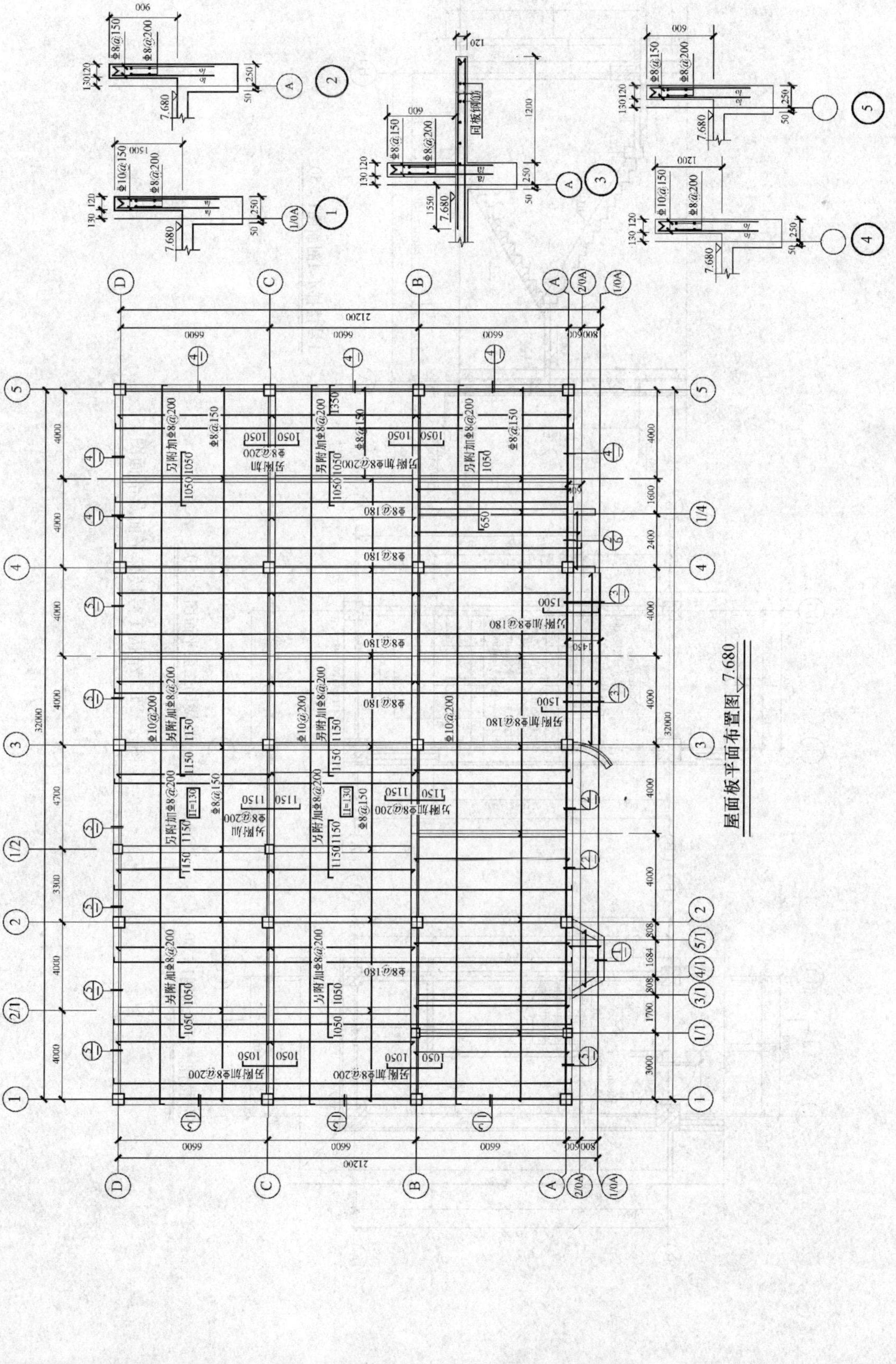

图4-20 屋面板平面布置及节点图

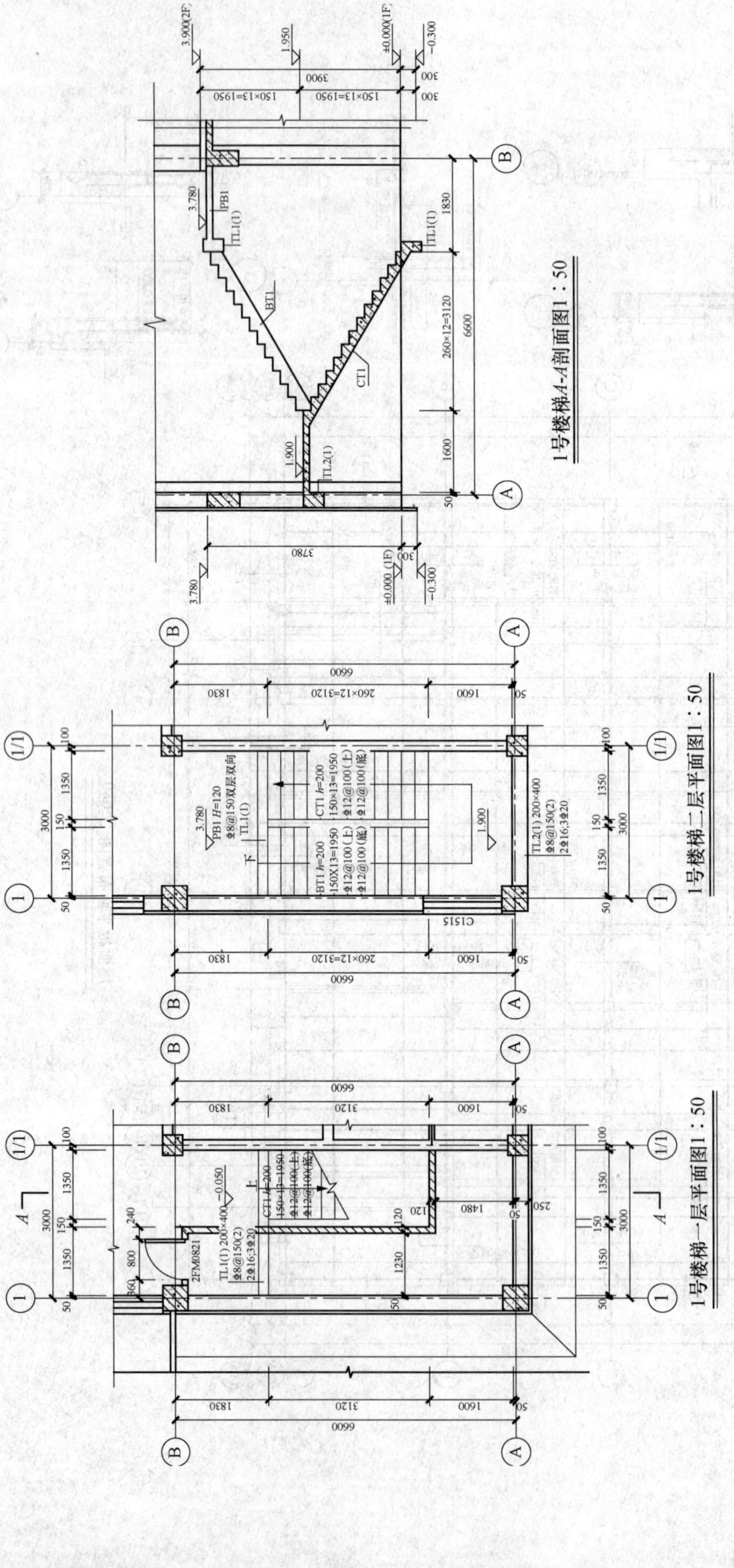

图4-21 结构1号楼梯平面及剖面图

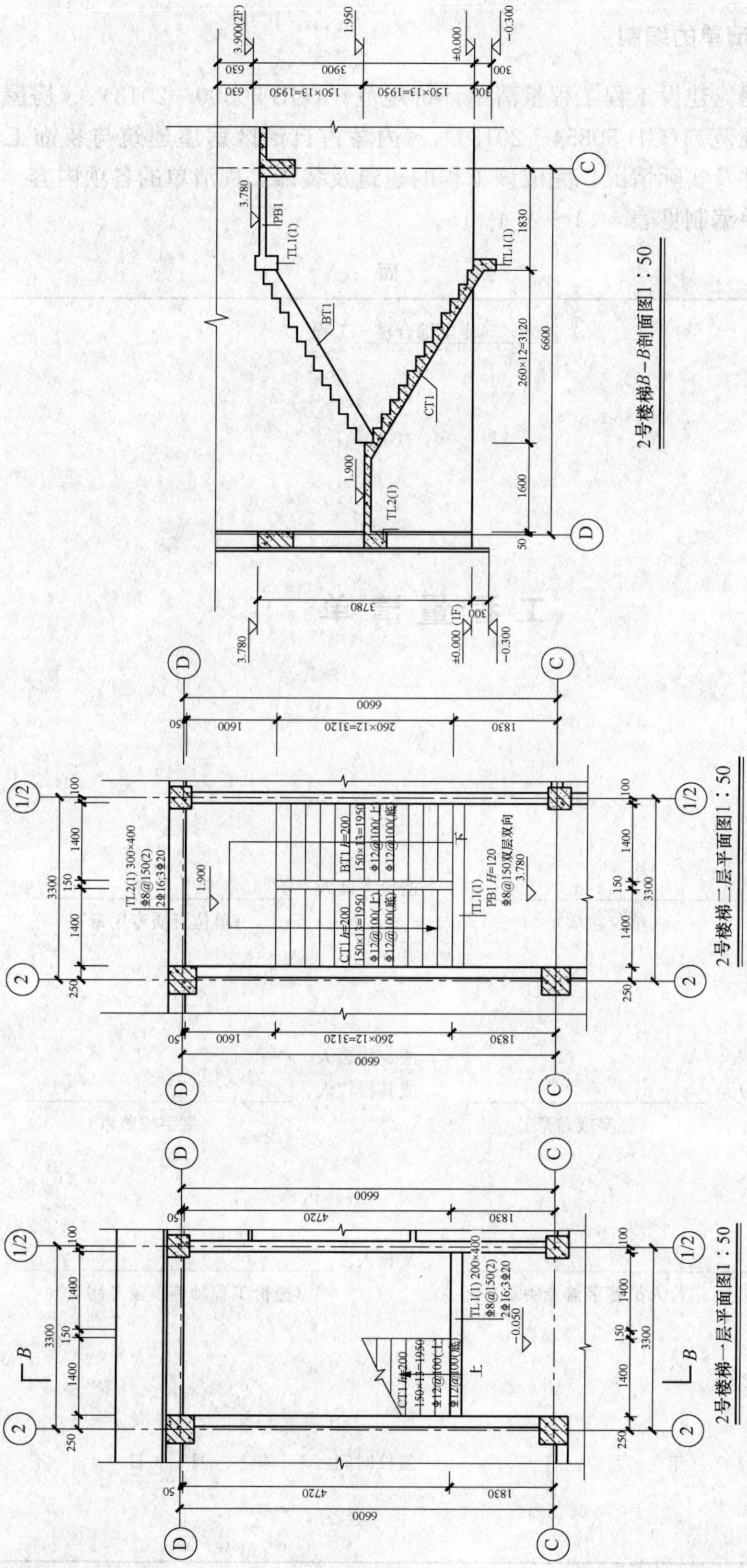

图 4-22 结构 2 号楼梯平面及剖面图

4.1.4 工程量清单的编制

该实例编制依据《建设工程工程量清单计价规范》(GB 50500—2013)、《房屋建筑与装饰工程工程量计算规范》(GB 50854—2013)、《内蒙古自治区房屋建筑与装饰工程预算定额》和相关政策文件及实际情况，完成该工程的建筑及装饰工程清单的各项内容。某小学综合楼工程工程量清单编制见表4-1～表4-15。

表4-1 封 面

×××小学综合楼 工程

工 程 量 清 单

招标人：＿＿＿＿＿＿＿＿＿＿ 造价咨询人：＿＿＿＿＿＿＿＿＿＿

(单位盖章) (单位资质专用章)

法定代表人
或其授权人：＿＿＿＿＿＿＿＿＿＿ 法定代表人
或其授权人：＿＿＿＿＿＿＿＿＿＿

(签字或盖章) (签字或盖章)

编制人：＿＿＿＿＿＿＿＿＿＿ 复核人：＿＿＿＿＿＿＿＿＿＿

(造价人员签字盖专用章) (造价工程师签字盖专用章)

编制时间： 年 月 日 复核时间： 年 月 日

表 4-2　　**招标工程量清单编制总说明**

工程名称：×××小学综合楼建筑与装饰工程　　第1页　共1页

一、工程概况

该项目为×××小学综合楼新建工程，建筑面积为1352.42m^2；结构类型：框架结构；层数：二层。

二、招标工程量清单的编制依据

1.《房屋建筑与装饰工程工程量清单计算规范》(GB 50854—2013)。

2. 2017版内蒙古自治区建设工程计价依据。

3. 招标文件。

4. 招标图纸及相关建筑标准图集、规范等。

三、其他说明

1. 玻璃幕墙与钢结构雨篷在设计图纸中没有明确工程做法与做法不详，计入专业工程暂估价中。

2. 卫生间隔断在后期结算中依据现场实际做法按市场价据实结算。

3. 该项目暂列金按分部分项费与单价措施项目费之和的15%计列，费用为261 394元。

4. 钢结构玻璃雨篷的专业工程暂估价为20 000元。

5. 计日工由投标人自主报价。

表 4-3　　单位工程投标报价汇总表

工程名称：×××小学综合楼土方工程　　第1页　共1页

序号	汇总内容	金额（元）	其中：暂估价（元）
1	分部分项工程		
2	措施项目		
2.1	其中：安全文明施工费		
3	其他项目		
3.1	其中：暂列金额		
3.2	其中：专业工程暂估价		
3.3	其中：计日工		
3.4	其中：总承包服务费		
4	规费		
5	税金		
投标报价合计=1+2+3+4+5			

表 4-4　　分部分项工程量与单价措施项目清单计价表

工程名称：×××小学综合楼土方工程　　第1页　共1页

序号	项目编码	项目名称	项目特征	计量单位	工程量	金额（元）		
						综合单价	合价	其中 暂估价
		整个项目						
1	010101001001	平整场地	1. 平整场地 2. 土壤类别：一、二类土 3. 厚度：300mm以内	m^2	676.21			
2	010101001002	基础钎探	1. 基地钎探 2. 土壤类别：一、二类土	m^2	206.2			
3	010101002001	挖一般土方	1. 土壤类别：一、二类土 2. 挖土深度：6.15m	m^3	4884.31			
4	010103001001	回填方	土方回填	m^3	4539.55			
5	010103002001	余方弃置	1. 土方外运 2. 运距自行考虑	m^3	344.76			
		分部小计						
		措施项目						
6	011705001001	大型机械设备进出场及安拆	机械设备名称：履带式单斗液压挖掘机 1.0m^3	台次	1			
本页小计								
合计								

表4-5 **总价措施项目清单与计价表**

工程名称：×××小学综合楼土方工程 第1页 共1页

序号	项目编码	项目名称	计算基础	费率（%）	金额（元）	调整费率（%）	调整后金额（元）	备注
1	011707001	安全文明施工费						
1.1	011707001001	安全文明施工与环境保护费	分部分项人工费＋技术措施项目人工费					
1.2	011707001002	临时设施费	分部分项人工费＋技术措施项目人工费					
2	011707005001	雨季施工增加费	分部分项人工费＋技术措施项目人工费					
3	011707007001	已完工程及设备保护费	分部分项人工费＋技术措施项目人工费					
4	01B001	工程定位复测费	分部分项人工费＋技术措施项目人工费					
5	011707004001	二次搬运费	分部分项人工费＋技术措施项目人工费					
6	01B002	特殊地区施工增加费	分部分项人工费＋技术措施项目人工费					
7	011707002001	夜间施工增加费						
8	011707002002	白天在地下室施工增加费						
9	011707005002	冬期施工增加费						
合计								

表4-6 **规费、税金项目清单与计价表**

工程名称：×××小学综合楼土方工程 第1页 共1页

序号	项目名称	计算基础	计算基数	计算费率（%）	金额
1	规费	社会保险费＋住房公积金＋水利建设基金＋环境保护税			

续表

序号	项目名称	计算基础	计算基数	计算费率（%）	金额
1.1	社会保险费	养老失业保险＋基本医疗保险＋工伤保险费＋生育保险费			
(1)	养老失业保险	分部分项人工费＋组织措施人工费＋技术措施人工费			
(2)	基本医疗保险	分部分项人工费＋组织措施人工费＋技术措施人工费			
(3)	工伤保险费	分部分项人工费＋组织措施人工费＋技术措施人工费			
(4)	生育保险费	分部分项人工费＋组织措施人工费＋技术措施人工费			
1.2	住房公积金	分部分项人工费＋组织措施人工费＋技术措施人工费			
1.3	水利建设基金	分部分项人工费＋组织措施人工费＋技术措施人工费			
1.4	环境保护税				
2	税金	税前工程造价			
合计					

表 4-7　　单位工程投标报价汇总表

工程名称：×××小学综合楼建筑与装饰工程　　第 1 页　共 1 页

序号	汇总内容	金额（元）	其中：暂估价（元）
1	分部分项工程		37 420.07
2	措施项目		
2.1	其中：安全文明施工费		
3	其他项目		
3.1	其中：暂列金额	261 394	
3.2	其中：专业工程暂估价	20 000	
3.3	其中：计日工		
3.4	其中：总承包服务费		
4	规费		
5	税金		
投标报价合计＝1＋2＋3＋4＋5			

表 4-8　　　分部分项工程量与单价措施项目清单计价表

工程名称：×××小学综合楼建筑与装饰工程　　　　第 1 页　共 8 页

序号	项目编码	项目名称	项目特征	计量单位	工程量	金额（元）		
						综合单价	合价	其中 暂估价
		整个项目						
1	010501001001	垫层	1. 基础下混凝土垫层 2. 混凝土强度等级：C15	m^3	21.52			
2	010501003001	独立基础	1. 混凝土独立基础 2. 混凝土强度等级：C30	m^3	92.41			
3	010401008001	填充墙	1. 框架填充墙 2. 砌筑用混合砂浆：M5	m^3	259.82			
4	010503001001	基础梁	1. 混凝土基础梁 2. 混凝土强度等级：C30	m^3	48.09			
5	010503002001	矩形梁	1. 混凝土矩形梁 2. 混凝土强度等级：C30	m^3	114.23			
6	010501001002	垫层	地梁下铺设 300mm 防冻砂	m^3	24.35			
7	010503005001	过梁	1. 混凝土矩形过梁 2. 混凝土强度等级：C25	m^3	1.86			
8	010505003001	平板	1. 混凝土平板 2. 混凝土强度等级：C30	m^3	141.98			
9	010505008001	雨篷板	1. 混凝土雨篷板 2. 混凝土强度等级：C25	m^3	0.52			
10	010504001001	直形墙	1. 混凝土女儿墙高度 1.5m 2. 混凝土强度等级：C30	m^3	11.72			
11	010502002001	构造柱	1. 混凝土构造柱 2. 混凝土强度等级：C25	m^3	11.07			
12	010502001001	矩形柱	1. 混凝土矩形柱 2. 混凝土强度等级：C30	m^3	80.59			
13	010503004001	圈梁	1. 卫生间填充墙根部混凝土翻边 2. 混凝土强度等级：C15 3. 高度：200mm	m^3	1.724			
			本页小计					

工程名称：×××小学综合楼建筑与装饰工程 第2页 共8页

序号	项目编码	项目名称	项目特征	计量单位	工程量	金额（元）		
						综合单价	合价	其中
								暂估价
14	010506001001	直形楼梯	1. 混凝土直行楼梯 2. 混凝土强度等级：C30	m^2	38.32			
15	010515001001	现浇构件钢筋	一级 ϕ6mm	t	3.012			
16	010515001002	现浇构件钢筋	三级 ϕ10mm	t	4.69			
17	010515001003	现浇构件钢筋	三级 ϕ12mm	t	4.795			
18	010515001004	现浇构件钢筋	三级 ϕ16mm	t	5.082			
19	010515001005	现浇构件钢筋	三级 ϕ25mm	t	9.628			
20	010515001006	现浇构件钢筋	一级箍筋 ϕ6mm	t	0.82			
21	010515001007	现浇构件钢筋	一级 ϕ8mm	t	0.043			
22	010515001008	现浇构件钢筋	一级 ϕ10mm	t	0.043			
23	010515001009	现浇构件钢筋	三级 ϕ14mm	t	3.08			
24	010515001010	现浇构件钢筋	三级 ϕ18mm	t	0.137			
25	010515001011	现浇构件钢筋	三级 ϕ20mm	t	14.528			
26	010515001012	现浇构件钢筋	三级 ϕ22mm	t	0.077			
27	010515001013	现浇构件钢筋	三级 ϕ8mm	t	8.722			
28	010515001014	现浇构件钢筋	三级箍筋 ϕ8mm	t	10.349			
29	010515001015	现浇构件钢筋	三级箍筋 ϕ10mm	t	0.106			
			本页小计					

工程名称：×××小学综合楼建筑与装饰工程 第3页 共8页

序号	项目编码	项目名称	项目特征	计量单位	工程量	金额（元）		
						综合单价	合价	其中 暂估价
30	010901002001	屋面	1. 20mm厚1∶2.5水泥砂浆找平层 2. 1.5mm厚聚氨酯隔汽层 3. 最薄处30mm厚1∶8水泥憎水性膨胀珍珠岩找坡层 4. 20mm厚1∶2.5水泥砂浆找平层 5. 保温层B2级80mm厚挤塑聚苯板 6. 30mm厚细石混凝土找平层 7. 防水层4mm厚SBS防水卷材 8. 40mm厚C20细石混凝土保护层	m^2	673.25			
31	010902004001	屋面排水管	1. 镀锌钢管 2. 做法详见图集12J5-1-E2-1/E3-C	m	48.3			
32	010903003001	墙面砂浆防水（防潮）	室内地坪下60mm处做20mm厚1∶2.5水泥砂浆内加2.5%防水粉防潮层	m^2	91.36			
33	011001003001	保温隔热墙面	1. 外墙保温 2. 60mm厚岩棉板保温层	m^2	786.07			
34	011201001001	外墙面装饰	1. 涂饰面层真石漆涂料 2. 做法详见图纸设计说明	m^2	738.13			
35	011407002001	天棚喷刷涂料	1. 2～3mm柔性腻子 2. 表面刷涂料	m^2	1364.41			
36	011302001001	吊顶天棚	1. 金属龙骨 2. 铝合金方形板	m^2	58.71			
			本页小计					

工程名称：×××小学综合楼建筑与装饰工程　　　　第 4 页　共 8 页

序号	项目编码	项目名称	项目特征	计量单位	工程量	金额（元）		
						综合单价	合价	其中 暂估价
37	011204003001	块料墙面	1.9mm 厚 1：3 水泥砂浆抹平 2.4～5mm 厚 1：1 水泥砂浆加水重 20%建筑胶粘接层釉面砖墙面	m^2	245.74			
38	011407001001	墙面喷刷涂料	1.9mm 厚 1：6 水泥石灰砂浆抹面 2.6mm 厚 1：0.5：3 水泥石灰砂浆抹平 3.2～3mm 厚柔性刮腻子面层	m^2	1062.67			
39	011407001002	墙面喷刷涂料	1.9mm 厚 1：6 水泥石灰砂浆抹面 2.6mm 厚 1：0.5：3 水泥石灰砂浆抹平 3.2～3mm 厚柔性刮腻子面层 4. 底漆一遍，调和漆两遍 5. 墙裙高度 1.3m	m^2	441.35			
40	011102003001	块料楼地面：地面 1	1.150mm 厚碎石灌浆垫层 2.60mm 厚 C15 混凝土垫层 3.30mm 厚干硬性水泥砂浆粘贴 20mm 厚花岗岩面层	m^2	38.32			
41	011102003002	块料楼地面：地面 2	1.150mm 厚卵石灌浆垫层 2.60mm 厚 C15 混凝土垫层 3. 20mm 厚 1：2 水泥砂浆找平层 4.1.5mm 厚合成高分子防水防潮层 5.50mm 厚 C15 豆石混凝土上下配钢丝网片 3@50mm 6.20mm 厚干硬性水泥砂浆粘贴 8～10mm 厚地砖面层	m^2	519.28			
本页小计								

工程名称：×××小学综合楼建筑与装饰工程 第5页 共8页

序号	项目编码	项目名称	项目特征	计量单位	工程量	金额（元）		
						综合单价	合价	其中 暂估价
42	011102003003	块料楼地面地3	1. 150mm厚卵石灌浆垫层 2. 60mm厚C15混凝土垫层 3. 20mm厚水泥砂浆找平层 4. 1.5mm厚合成高分子防水防潮层 5. 50mm厚C15豆石混凝土上下配钢丝网片3@50mm 6. 1.5mm厚高分子防水涂料 7. 20mm厚干硬性水泥砂浆粘贴8～10mm厚地砖面层	m^2	58.33			
43	011102003004	块料楼地面楼面1	1. 20mm厚1∶2水泥砂浆找平层 2. 1.5mm厚高分子防水涂料 3. 50mm厚C15豆石混凝土上下配钢丝网片3@50mm 4. 20mm厚干硬性水泥砂浆粘贴8～10mm厚地砖面层	m^2	612.35			
44	011102003005	块料楼地面楼3	1. 30mm厚1∶2水泥砂浆找平层 2. 20mm厚花岗岩面层	m^2	8.95			
45	011105002001	石材踢脚线	1. 楼梯间大理石踢脚 2. 高度0.12m	m^2	4.08			
46	011105003001	块料踢脚线	1. 除楼梯间外面砖踢脚 2. 高度0.12m	m^2	66.54			
47	011503001001	金属扶手、栏杆、栏板	楼梯间不锈钢栏杆	m	12.48			
48	011106001001	石材楼梯面层	1. 30mm厚水泥砂浆找平层 2. 20mm厚花岗岩面层	m^2	29.37			
			本页小计					

工程名称：×××小学综合楼建筑与装饰工程 第6页 共8页

序号	项目编码	项目名称	项目特征	计量单位	工程量	金额（元）		
						综合单价	合价	其中 暂估价
49	010807001001	金属（塑钢、断桥）窗	1. 断桥铝合金框双玻窗 2. 带纱扇	m^2	132.32			
50	011209002001	全玻（无框玻璃）幕墙	1. BLM1、BLM2 2. 做法见设计图 3. 铝合金玻璃	m^2	64.26			
51	010802003001	钢质防火门	1. 乙 FM0821 2. 钢制防火门	m^2	5.04			
52	010801002001	木质门带套	1. 镶板门 1000mm×2100mm 2. 做法见图集 05J4-1-83	m^2	12.6			
53	010801002002	木质门带套	1. 镶板门 1500mm×2100mm 2. 做法见图集 05J4-1-83	m^2	31.5			
54	010801002003	木质门带套	1. 镶板门 1200mm×2100mm 2. 做法见图集 05J4-1-83	m^2	2.52			
55	010801002004	木质门带套	1. 镶板门 800mm×2100mm 2. 做法见图集 05J4-1-83	m^2	6.72			
56	010801002005	木质门带套	1. 半玻夹板门 1500mm×2100mm 2. 做法见图集 05J4-1-80	m^2	6.3			
57	011505001001	洗漱台	做法见图集 12J11-53-B	m^2	6			
58	011210005001	成品隔断	做法见图集 12J11-106-2	m^2	39.84			
59	011505005001	卫生间扶手	做法详见图集 12J12-47-1	个	9			
			本页小计					

工程名称：×××小学综合楼建筑与装饰工程 第7页 共8页

序号	项目编码	项目名称	项目特征	计量单位	工程量	金额（元）		
						综合单价	合价	其中 暂估价
60	011505010001	镜面玻璃	1. 镜面玻璃品种、规格：镜面玻璃 2. 框材质、断面尺寸：无框	m²	10			
61	010507001001	散水	1. 散水做法见图集 12J9-1-95-5 2. 下设 300mm 厚中砂防冻层	m²	83.4			
62	010507004001	台阶	1. 台阶做法见图集 12J9-1-103-1 2. 台阶下设 300mm 厚中砂防冻层	m²	41.09			
		分部小计						
		措施项目						
63	011702025001	垫层模板	垫层模板	m²	29.44			
64	011702001001	基础	独立基础模板	m²	163.24			
65	011702005001	基础梁	基础梁模板	m²	404.74			
66	011702006001	矩形梁	1. 混凝土矩形梁模板 2. 支撑高度 3.9m	m²	832.85			
67	011702009001	过梁	1. 混凝土矩形过梁模板 2. 支撑高度 3.9m	m²	25.58			
68	011702016001	平板	1. 混凝土平板模板 2. 支撑高度 3.9m	m²	1160.42			
69	011702023001	雨篷、悬挑板、阳台板	混凝土雨篷板模板	m²	5.78			
70	011702011001	直形墙	1. 混凝土女儿墙模板 2. 支撑高度 1.5m	m²	185.32			
			本页小计					

工程名称：×××小学综合楼建筑与装饰工程　　　　第8页　共8页

序号	项目编码	项目名称	项目特征	计量单位	工程量	金额（元）		
						综合单价	合价	其中 暂估价
71	011702003001	构造柱	1. 混凝土构造柱模板 2. 支撑高度 3.9m	m^2	88.59			
72	011702002001	矩形柱	1. 混凝土柱模板 2. 支撑高度 3.9m	m^2	609.1			
73	011702024001	楼梯	楼梯模板	m^2	38.32			
74	011702008001	圈梁	1. 卫生间填充墙根部混凝土翻边 2. 高度：200mm	m^2	16.28			
75	011701001001	综合脚手架	1. 综合脚手架 2. 檐高 7.68m	m^2	1369.48			
76	011703001001	垂直运输	1. 垂直运输 2. 檐高 7.68m	m^2	1369.48			
77	011705001002	大型机械设备进出场及安拆	大型机械设备进出场及安拆	台次	1			
			本页小计					
			合　计					

表 4-9　　总价措施项目清单与计价表

工程名称：×××小学综合楼建筑与装饰工程　　　　第1页　共1页

序号	项目编码	项目名称	计算基础	费率（%）	金额（元）	调整费率（%）	调整后金额（元）	备注
1	011707001	安全文明施工费						
1.1	011707001001	安全文明施工与环境保护费	分部分项人工费＋技术措施项目人工费					
1.2	011707001002	临时设施费	分部分项人工费＋技术措施项目人工费					
2	011707005001	雨季施工增加费	分部分项人工费＋技术措施项目人工费					
3	011707007001	已完工程及设备保护费	分部分项人工费＋技术措施项目人工费					
4	01B001	工程定位复测费	分部分项人工费＋技术措施项目人工费					
5	011707004001	二次搬运费	分部分项人工费＋技术措施项目人工费					
6	01B002	特殊地区施工增加费	分部分项人工费＋技术措施项目人工费					
		合　计						

表 4-10 **其他项目清单与计价汇总表**

工程名称：×××小学综合楼建筑与装饰工程 第1页 共1页

序号	项目名称	金额（元）	结算金额（元）	备注
1	暂列金额	261 394		明细详见表 4-11
2	暂估价	20 000		
2.1	专业工程暂估价	20 000		明细详见表 4-12
2.2	材料暂估价	—		明细详见表 4-13
3	计日工			明细详见表 4-14
合　计		281 394		—

表 4-11 **暂列金额表**

工程名称：×××小学综合楼建筑与装饰工程 第1页 共1页

序号	项目名称	计量单位	暂定金额（元）	备注
1	暂列金额	元	261 394	
合　计		261 394	—	

表 4-12 **专业工程暂估价及结算价表**

工程名称：×××小学综合楼建筑与装饰工程 第1页 共1页

序号	工程名称	工程内容	暂估金额（元）	结算金额（元）	差额±（元）	备注
1	钢结构玻璃雨篷	钢结构玻璃雨篷	20 000			
合　计			20 000			—

表 4-13 **材料暂估价及调整表**

工程名称：×××小学综合楼建筑与装饰工程 第 1 页 共 1 页

序号	材料（工程设备）名称、规格、型号	计量单位	数量		单价（元）		合价（元）		差额±（元）		备注
			暂估	确认	暂估	确认	暂估	确认	单价	合价	
1	厕浴隔断（成品含五金）	m^2	41.832		280		11 712.96				
2	石材饰面板	m^2	6.36		150		954				
3	天然石材饰面板	m^2	58.094 629		150		8714.19				
4	天然石材饰面板 600mm×600mm	m^2	83.442 12		150		12 516.32				
5	铝合金嵌入式方板	m^2	58.71		60		3522.6				
合计							37 420.07				

表 4-14 **计 日 工 表**

工程名称：×××小学综合楼建筑与装饰工程 第 1 页 共 1 页

编号	项目名称	单位	暂定数量	实际数量	综合单价（元）	合价	
						暂定	实际
一	人工						
	技工	工日	50				
人工小计							
二	材料						
	水泥	t	15				
	红青砖	千块	15				
材料小计							
三	机械						
	汽车吊	台班	5				
机械小计							
四、企业管理费和利润							
总计							

表 4-15　　　　规费、税金项目清单与计价表

工程名称：×××小学综合楼建筑与装饰工程　　　　第1页　共1页

序号	项目名称	计算基础	计算基数	计算费率（%）	金额
1	规费	社会保险费＋住房公积金＋水利建设基金＋环境保护税			
1.1	社会保险费	养老失业保险＋基本医疗保险＋工伤保险费＋生育保险费			
(1)	养老失业保险	分部分项人工费＋组织措施人工费＋技术措施人工费			
(2)	基本医疗保险	分部分项人工费＋组织措施人工费＋技术措施人工费			
(3)	工伤保险费	分部分项人工费＋组织措施人工费＋技术措施人工费			
(4)	生育保险费	分部分项人工费＋组织措施人工费＋技术措施人工费			
1.2	住房公积金	分部分项人工费＋组织措施人工费＋技术措施人工费			
1.3	水利建设基金	分部分项人工费＋组织措施人工费＋技术措施人工费			
1.4	环境保护税				
2	税金	税前工程造价			
合计					

4.1.5 招标控制价的编制

以该工程量清单为编制依据，编制该工程建筑与装饰工程招标控制价的内容，招标控制价的编制见表4-16～表4-37。

表 4-16　　封　面

×××小学综合楼 工程

招标控制价

招标控制价（小写）：2 733 468 元

（大写）：贰佰柒拾叁万叁仟肆佰陆拾捌元整

招标人：________________　　造价咨询人：________________
（单位盖章）　　（单位资质专用章）

法定代表人
或其授权人：________________　　法定代表人
或其授权人：________________
（签字或盖章）　　（签字或盖章）

编制人：________________　　复核人：________________
（造价人员签字盖专用章）　　（造价工程师签字盖专用章）

编制时间：　年　月　日　　复核时间：　年　月　日

表4-17 **招标控制价编制总说明**

工程名称：×××小学综合楼 第1页 共1页

一、工程概况

1. 该项目为×××小学综合楼新建工程，建筑面积为1352.42m^2。

2. 结构类型为框架结构；层数为二层。

3. 招标控制价总价为2 733 468元。

二、招标控制价的编制依据

1.《房屋建筑与装饰工程工程量清单计算规则》(GB 50854—2013)。

2. 2017版《内蒙古自治区房屋建筑与装饰工程预算定额》。

3. 2017版《内蒙古自治区费用工程预算定额》。

4. 招标文件。

5. 招标图纸及相关建筑标准图集、规范等。

6. 材料价执行2019年×××地区第三期建筑工程材料信息价。

三、其他说明

1. 钢结构雨篷设计图纸中做法不详，计入专业工程暂估价中。

2. 卫生间隔断、花岗岩、铝合金扣板天棚材料价计入材料暂估价中，待竣工结算时依据同期施工期市场价据实结算。

3. 本项目依据内蒙古自治区2017版《内蒙古自治区费用工程预算定额》的取费执行。

4. 暂列金额按分部分项费的15%计入。

5. 土方外运运距暂按5km计列。

表 4-18 **汇 总 表**

工程名称：×××小学综合楼 第1页 共1页

序号	名 称	预算价值（元）
1	小学综合楼工程——土方	104 753
2	小学综合楼工程——建筑及装饰	2 628 715
	合 计	2 733 468

工程造价咨询人：________________

（单位资质专用章）

编制时间：

表4-19　　封　面

×××小学综合楼-土方 工程

招标控制价

招标控制价（小写）：104 753元

（大写）：拾万肆仟柒佰伍拾叁元整

招标人：__________ 造价咨询人：__________

（单位盖章）　（单位资质专用章）

法定代表人
或其授权人：__________ 法定代表人
或其授权人：__________

（签字或盖章）　（签字或盖章）

编制人：__________ 复核人：__________

（造价人员签字盖专用章）　（造价工程师签字盖专用章）

编制时间：　年　月　日　复核时间：　年　月　日

表 4-20 **单位工程招标控制价汇总表**

工程名称：×××小学综合楼土方工程 第1页 共1页

序号	汇总内容	金额（元）	其中：暂估价（元）
1	分部分项工程	80 240.33	
2	措施项目	6769.41	
2.1	其中：安全文明施工费	1978.33	
3	其他项目	0	
3.1	其中：暂列金额		
3.2	其中：专业工程暂估价		
3.3	其中：计日工		
3.4	其中：总承包服务费		
4	规费	9093.78	
5	税金	8649.32	
	招标控制价合计=1+2+3+4+5	104 752.84	

表 4-21 **分部分项工程量与单价措施项目清单计价表**

工程名称：×××小学综合楼土方工程 第1页 共1页

序号	项目编码	项目名称	项目特征	计量单位	工程量	金额（元）		
						综合单价	合价	其中 暂估价
		整个项目						
1	010101001001	平整场地	1. 平整场地 2. 土壤类别：一、二类土 3. 厚度：300mm以内	m^2	676.21	1.28	865.55	
2	010101001002	基础钎探	1. 基地钎探 2. 土壤类别：一、二类土	m^2	206.2	5.29	1090.8	
3	010101002001	挖一般土方	1. 土壤类别：一、二类土 2. 挖土深度：6.15m	m^3	4884.31	5.14	25 105.35	
4	010103001001	回填方	1. 土方回填	m^3	4539.55	10.81	49 072.54	
5	010103002001	余方弃置	1. 土方外运 2. 运距自行考虑	m^3	344.76	11.91	4106.09	
		分部小计					80 240.33	
		措施项目						
6	011705001001	大型机械设备进出场及安拆	机械设备名称： 履带式单斗液压挖掘机1.0m^3	台次	1	4538.85	4538.85	
		本页小计					84 779.18	
		合计					84 779.18	

表 4-22 **总价措施项目清单与计价表**

工程名称：×××小学综合楼土方工程　　　　第1页　共1页

序号	项目编码	项目名称	计算基础	费率（%）	金额（元）	调整费率（%）	调整后金额（元）	备注
1	011707001	安全文明施工费			1978.33			
1.1	011707001001	安全文明施工与环境保护费	分部分项人工费＋技术措施项目人工费	3	1483.75			
1.2	011707001002	临时设施费	分部分项人工费＋技术措施项目人工费	1	494.58			
2	011707005001	雨季施工增加费	分部分项人工费＋技术措施项目人工费	0.5	247.29			
3	011707007001	已完工程及设备保护费	分部分项人工费＋技术措施项目人工费	0				
4	01B001	工程定位复测费	分部分项人工费＋技术措施项目人工费	0				
5	011707004001	二次搬运费	分部分项人工费＋技术措施项目人工费	0.01	4.94			
6	01B002	特殊地区施工增加费	分部分项人工费＋技术措施项目人工费	0				
7	011707002001	夜间施工增加费						
8	011707002002	白天在地下室施工增加费						
9	011707005002	冬期施工增加费						
合计					2230.56			

表 4-23 **规费、税金项目清单与计价表**

工程名称：×××小学综合楼土方工程 第1页 共1页

序号	项目名称	计算基础	计算基数	计算费率（%）	金额
1	规费	社会保险费＋住房公积金＋水利建设基金＋环境保护税	9093.78	19	9093.78
1.1	社会保险费	养老失业保险＋基本医疗保险＋工伤保险费＋生育保险费	7131.44	14.9	7131.44
(1)	养老失业保险	分部分项人工费＋组织措施人工费＋技术措施人工费	47 862	10.5	5025.51
(2)	基本医疗保险	分部分项人工费＋组织措施人工费＋技术措施人工费	47 862	3.7	1770.89
(3)	工伤保险费	分部分项人工费＋组织措施人工费＋技术措施人工费	47 862	0.4	191.45
(4)	生育保险费	分部分项人工费＋组织措施人工费＋技术措施人工费	47 862	0.3	143.59
1.2	住房公积金	分部分项人工费＋组织措施人工费＋技术措施人工费	47 862	3.7	1770.89
1.3	水利建设基金	分部分项人工费＋组织措施人工费＋技术措施人工费	47 862	0.4	191.45
1.4	环境保护税				
2	税金	税前工程造价	96 103.52	9	8649.32
		合　计			17 743.1

表 4-24 **单位工程人材机价差表**

工程名称：×××小学综合楼土方工程 第1页 共1页

序号	材料名	规格	单位	材料量	预算价	市场价	价差	价差合计
1	砂子中粗砂		m^3	0.517 562	48.5	65	16.5	8.54
2	烧结煤矸石普通砖	240mm×115mm×53mm	千块	0.059 798	308.88	450	141.12	8.44
3	柴油		kg	888.729 833	6.39	7.44	1.05	933.17
4	电		kW·h	7256.594 055	0.58	0.66	0.08	580.53
	合计							1530.68

表 4-25

分部分项工程量清单综合单价分析表（带子目）

工程名称：×××小学综合楼土方工程　　　　第1页　共1页

顺序号	项目编号（定额编号）	项目名称	单位	数量	综合单价（元）	综合合价（元）	综合单价				
							人工费	材料费	机械费	管理费	利润
1	010101001001	平整场地	m^2	676.21	1.28	865.55	0.07		1.2	0.01	0.01
	1-122	机械场地平整	m^2	676.21	1.28	867.37	0.07		1.2	0.01	0.01
2	010101001002	基础钎探	m^2	206.2	5.29	1090.8	3.5	0.53	0.63	0.35	0.28
	1-123	基底钎探	m^2	206.2	5.29	1091.11	3.5	0.53	0.63	0.35	0.28
3	010101002001	挖一般土方	m^3	4884.31	5.14	25 105.35	2.61		2.06	0.26	0.21
	1-43	挖掘机挖一般土方一、二类土	m^3	4884.31	5.14	25 105.35	2.61		2.06	0.26	0.21
4	010103001001	回填方	m^3	4539.55	10.81	49 072.54	7.1		2.43	0.71	0.57
	1-131	夯填土、机械、槽坑	m^3	4539.55	10.81	49 049.84	7.1		2.43	0.71	0.57
5	010103002001	余方弃置	m^3	344.76	11.91	4106.09	0.75		11.02	0.08	0.06
	1-141	场内外土方运输：自卸汽车运土 5km 以内	m^3	344.76	9.1	3136.28	0.26		8.8	0.03	0.02
	1-41	装载机装运一般土方运距小于或等于 20m	m^3	344.76	2.82	971.19	0.5		2.23	0.05	0.04
	合计				34.43	80 240.33	14.03	0.53	17.34	1.41	1.13

表 4-26

措施项目清单综合单价分析表（带子目）

工程名称：×××小学综合楼土方工程　　　　第1页　共1页

序号	项目编码	项目名称	项目特征描述	计量单位	工程量	综合单价					综合合价
						人工费	材料费	机械费	管理费和利润	合计	
1	011705001001	大型机械设备进出场及安拆	机械设备名称：履带式单斗液压挖掘机 1.0m^3	台次	1	1348.2	137.12	2568.18	485.35	4538.85	4538.85
	17-367	履带式挖掘机进出场费 1m^3以内		台次	1	1348.2	137.12	2591.51	485.35	4538.85	4538.85
本页小计										4538.85	4538.85
合　计										4538.85	4538.85

表 4-27 封 面

×××小学综合楼-建筑及装饰 工程

招标控制价

招标控制价（小写）：2 628 715 元

（大写）：贰佰陆拾贰万捌仟柒佰壹拾伍元整

招标人：________ （单位盖章）

造价咨询人：________ （单位资质专用章）

法定代表人或其授权人：________ （签字或盖章）

法定代表人或其授权人：________ （签字或盖章）

编制人：________ （造价人员签字盖专用章）

复核人：________ （造价工程师签字盖专用章）

编制时间： 年 月 日

复核时间： 年 月 日

表 4-28 单位工程招标控制价汇总表

工程名称：×××小学综合楼建筑及装饰工程 第 1 页 共 1 页

序号	汇总内容	金额（元）	其中：暂估价（元）
1	分部分项工程	1 662 385.56	37 420.07
2	措施项目	346 713.42	
2.1	其中：安全文明施工费	39 675.19	
3	其他项目	308 254.91	
3.1	其中：暂列金额	261 394	
3.2	其中：专业工程暂估价	20 000	
3.3	其中：计日工	24 395.85	
3.4	其中：总承包服务费		
4	规费	94 311.58	
5	税金	217 049.89	
	招标控制价合计=1+2+3+4+5	2 628 715.36	37 420.07

表 4-29　　分部分项工程量与单价措施项目清单计价表

工程名称：×××小学综合楼建筑与装饰工程　　第1页　共8页

序号	项目编码	项目名称	项目特征	计量单位	工程量	金额（元）		
						综合单价	合价	其中 暂估价
		整个项目						
1	010501001001	垫层	1. 基础下混凝土垫层 2. 混凝土强度等级：C15	m^3	21.52	380.44	8187.07	
2	010501003001	独立基础	1. 混凝土独立基础 2. 混凝土强度等级：C30	m^3	92.41	393.16	36 331.92	
3	010401008001	填充墙	1. 框架填充墙 2. 砌筑用混合砂浆 M5	m^3	259.82	322.08	83 682.83	
4	010503001001	基础梁	1. 混凝土基础梁 2. 混凝土强度等级：C30	m^3	48.09	398.25	19 151.84	
5	010503002001	矩形梁	1. 混凝土矩形梁 2. 混凝土强度等级：C30	m^3	114.23	399.59	45 645.17	
6	010501001002	垫层	1. 地梁下铺设 300mm 厚防冻砂	m^3	24.35	124.61	3034.25	
7	010503005001	过梁	1. 混凝土矩形过梁 2. 混凝土强度等级：C25	m^3	1.86	505.27	939.8	
8	010505003001	平板	1. 混凝土平板 2. 混凝土强度等级：C30	m^3	141.98	412.64	58 586.63	
9	010505008001	雨篷板	1. 混凝土雨篷板 2. 混凝土强度等级：C25	m^3	0.52	517.29	268.99	
10	010504001001	直形墙	1. 混凝土女儿墙高度：1.5m 2. 混凝土强度等级：C30	m^3	11.72	412.52	4834.73	
11	010502002001	构造柱	1. 混凝土构造柱 2. 混凝土强度等级：C25	m^3	11.07	524.79	5809.43	
12	010502001001	矩形柱	1. 混凝土矩形柱 2. 混凝土强度等级：C30	m^3	80.59	459.69	37 046.42	
13	010503004001	圈梁	1. 卫生间填充墙根部混凝土翻边 2. 混凝土强度等级：C15 3. 高度：200mm	m^3	1.724	452.3	779.77	
		本页小计					304 298.85	

工程名称：×××小学综合楼建筑与装饰工程 第2页 共8页

序号	项目编码	项目名称	项目特征	计量单位	工程量	金额（元）		
						综合单价	合价	其中 暂估价
14	010506001001	直形楼梯	1. 混凝土直行楼梯 2. 混凝土强度等级：C30	m^2	38.32	139.96	5363.27	
15	010515001001	现浇构件钢筋	一级 ϕ6mm	t	3.012	5995.82	18 059.41	
16	010515001002	现浇构件钢筋	三级 ϕ10mm	t	4.69	5791.19	27 160.68	
17	010515001003	现浇构件钢筋	三级 ϕ12mm	t	4.795	5666.04	27 168.66	
18	010515001004	现浇构件钢筋	三级 ϕ16mm	t	5.082	5666.04	28 794.82	
19	010515001005	现浇构件钢筋	三级 ϕ25mm	t	9.628	5246.26	50 510.99	
20	010515001006	现浇构件钢筋	一级箍筋 ϕ6mm	t	0.82	7078.91	5804.71	
21	010515001007	现浇构件钢筋	一级 ϕ8mm	t	0.043	5995.81	257.82	
22	010515001008	现浇构件钢筋	一级 ϕ10mm	t	0.043	5995.81	257.82	
23	010515001009	现浇构件钢筋	三级 ϕ14mm	t	3.08	5666.04	17 451.4	
24	010515001010	现浇构件钢筋	三级 ϕ18mm	t	0.137	5666.06	776.25	
25	010515001011	现浇构件钢筋	三级 ϕ20mm	t	14.528	5246.26	76 217.67	
26	010515001012	现浇构件钢筋	三级 ϕ22mm	t	0.077	5246.23	403.96	
27	010515001013	现浇构件钢筋	三级 ϕ8mm	t	8.722	5791.19	50 510.76	
28	010515001014	现浇构件钢筋	三级箍筋 ϕ8mm	t	10.349	6985.35	72 291.39	
29	010515001015	现浇构件钢筋	三级箍筋 ϕ10mm	t	0.106	6985.38	740.45	
			本页小计				381 770.06	

工程名称：×××小学综合楼建筑与装饰工程　　第3页　共8页

序号	项目编码	项目名称	项目特征	计量单位	工程量	金额（元）		
						综合单价	合价	其中 暂估价
30	010901002001	屋面	1. 20mm厚1∶2.5水泥砂浆找平层 2. 1.5mm厚聚氨酯隔汽层 3. 最薄处30mm厚1∶8水泥憎水性膨胀珍珠岩找坡层 4. 20mm厚1∶2.5水泥砂浆找平层 5. 保温层B2级80mm厚挤塑聚苯板 6. 30mm厚细石混凝土找平层 7. 防水层4mm厚SBS防水卷材 8. 40mm厚C20细石混凝土保护层	m^2	673.25	174.03	117165.7	
31	010902004001	屋面排水管	1. 镀锌钢管 2. 做法详见图集12J5-1-E2-1/E3-C	m	48.3	81.18	3920.99	
32	010903003001	墙面砂浆防水（防潮）	室内地坪下60mm处做20mm厚1∶2.5水泥砂浆内加2.5%防水粉防潮层	m^2	91.36	15.09	1378.62	
33	011001003001	保温隔热墙面	1. 外墙保温 2. 60mm厚岩棉板保温层	m^2	786.07	104.13	81 853.47	
34	011201001001	外墙面装饰	1. 涂饰面层真石漆涂料 2. 做法详见图纸设计说明	m^2	738.13	152.87	112 837.93	
35	011407002001	天棚喷刷涂料	1. 2～3mm厚柔性腻子 2. 表面刷涂料	m^2	1364.41	38.99	53 198.35	
36	011302001001	吊顶天棚	1. 金属龙骨 2. 铝合金方形板	m^2	58.71	130.69	7672.81	3522.6
			本页小计				378 027.87	3522.6

工程名称：×××小学综合楼建筑与装饰工程　　第 4 页　共 8 页

序号	项目编码	项目名称	项目特征	计量单位	工程量	金额（元）		
						综合单价	合价	其中 暂估价
37	011204003001	块料墙面	1. 9mm 厚 1∶3 水泥砂浆抹平 2. 4～5mm 厚 1∶1 水泥砂浆加水重 20%建筑胶粘接层釉面砖墙面	m^2	245.74	127.81	31 408.03	
38	011407001001	墙面喷刷涂料	1. 9mm 厚 1∶6 水泥石灰砂浆抹面 2. 6mm 厚 1∶0.5∶3 水泥石灰砂浆抹平 3. 2～3mm 厚柔性刮腻子面层	m^2	1062.67	41.34	43 930.78	
39	011407001002	墙面喷刷涂料	1. 9mm 厚 1∶6 水泥石灰砂浆抹面 2. 6mm 厚 1∶0.5∶3 水泥石灰砂浆抹平 3. 2～3mm 厚柔性刮腻子面层 4. 底漆一遍，调和漆两遍 5. 墙裙高度：1.3m	m^2	441.35	56.9	25 112.82	
40	011102003001	块料楼地面地 1	1. 150mm 碎石灌浆垫层 2. 60mm 厚 C15 混凝土垫层 3. 30mm 厚干硬性水泥砂浆粘贴 20mm 厚花岗岩面层	m^2	38.32	236.9	9078.01	5862.96
41	011102003002	块料楼地面地 2	1. 150mm 厚卵石灌浆垫层 2. 60mm 厚 C15 混凝土垫层 3. 20mm 厚 1∶2 水泥砂浆找平层 4. 1.5mm 厚合成高分子防水防潮层 5. 50mm 厚 C15 豆石混凝土上下配钢丝网片 3@50mm 6. 20mm 厚干硬性水泥砂浆粘贴 8～10mm 厚地砖面层	m^2	519.28	245.43	127 446.89	
			本页小计				236 976.53	5862.96

工程名称：×××小学综合楼建筑与装饰工程 第5页 共8页

序号	项目编码	项目名称	项目特征	计量单位	工程量	金额（元）		
						综合单价	合价	其中 暂估价
42	011102003003	块料楼地面地3	1.150mm厚卵石灌浆垫层 2.60mm厚C15混凝土垫层 3.20mm厚水泥砂浆找平层 4.1.5mm厚合成高分子防水防潮层 5.50mm厚C15豆石混凝土上下配钢丝网片3@50mm 6.1.5厚高分子防水涂料 7.20mm厚干硬性水泥砂浆粘贴8～10mm厚地砖面层	m^2	58.33	256.82	14 980.31	
43	011102003004	块料楼地面楼1	1.20mm厚1：2水泥砂浆找平层 2.1.5mm厚高分子防水涂料 3.50mm厚C15豆石混凝土上下配钢丝网片3@50 4.20mm厚干硬性水泥砂浆粘贴8～10mm厚地砖面层	m^2	612.35	189.83	116 242.4	
44	011102003005	块料楼地面楼3	1.30mm厚1：2水泥砂浆找平层 2.20mm厚花岗岩面层	m^2	8.95	194.06	1736.84	1369.35
45	011105002001	石材踢脚线	1.楼梯间大理石踢脚 2.高度：0.12m	m^2	4.08	199.92	815.67	636.48
46	011105003001	块料踢脚线	1.除楼梯间外面砖踢脚 2.高度：0.12m	m^2	66.54	119.25	7934.9	
47	011503001001	金属扶手、栏杆、栏板	楼梯间不锈钢栏杆	m	12.48	221.68	2766.57	
48	011106001001	石材楼梯面层	1.30mm厚水泥砂浆找平层 2.20mm厚花岗岩面层	m^2	29.37	377.24	11 079.54	5810.1
		本页小计					155 556.23	7815.93

工程名称：×××小学综合楼建筑与装饰工程 第 6 页 共 8 页

序号	项目编码	项目名称	项目特征	计量单位	工程量	金额（元）		
						综合单价	合价	其中 暂估价
49	010807001001	金属（塑钢、断桥）窗	1. 断桥铝合金框双玻窗 2. 带纱扇	m^2	132.32	538.84	71 299.31	
50	011209002001	全玻（无框玻璃）幕墙	1. BLM1、BLM2 2. 做法见设计图 3. 铝合金玻璃	m^2	64.26	881.52	56 646.48	
51	010802003001	钢质防火门	1. 乙 FM0821 2. 钢制防火门	m^2	5.04	453.83	2287.3	
52	010801002001	木质门带套	1. 镶板门 1000mm×2100mm 2. 做法见图集 05J4-1-83	m^2	12.6	528.48	6658.85	
53	010801002002	木质门带套	1. 镶板门 1500mm×2100mm 2. 做法见图集 05J4-1-83	m^2	31.5	449.56	14 161.14	
54	010801002003	木质门带套	1. 镶板门 1200mm×2100mm 2. 做法见图集 05J4-1-83	m^2	2.52	527.9	1330.31	
55	010801002004	木质门带套	1. 镶板门 800mm×2100mm 2. 做法见图集 05J4-1-83	m^2	6.72	456.3	3066.34	
56	010801002005	木质门带套	1. 半玻夹板门 1500mm×2100mm 2. 做法见图集 05J4-1-80	m^2	6.3	449.56	2832.23	
57	011505001001	洗漱台	做法见图集 12J11-53-B	m^2	6	655.7	3934.2	954
58	011210005001	成品隔断	做法见图集 12J11-106-2	m^2	39.84	331.69	13 214.53	11 712.96
59	011505005001	卫生间扶手	做法详见图集 12J12-47-1	个	9	14.9	134.1	
			本页小计				175 564.79	12 666.96

工程名称：×××小学综合楼建筑与装饰工程　　　　第7页　共8页

序号	项目编码	项目名称	项目特征	计量单位	工程量	金额（元）		
						综合单价	合价	其中 暂估价
60	011505010001	镜面玻璃	1. 镜面玻璃品种、规格：镜面玻璃 2. 框材质、断面尺寸：无框	m^2	10	154.2	1542	
61	010507001001	散水	1. 散水做法见图集 12J9-1-95-5 2. 下设 300mm 厚中砂防冻层	m^2	83.4	139.48	11 632.63	
62	010507004001	台阶	1. 台阶做法见图集 12J9-1-103-1 2. 台阶下设 300mm 厚中砂防冻层	m^2	41.09	414.13	17 016.6	7551.62
		分部小计					1 662 385.56	37 420.07
		措施项目						
63	011702025001	垫层模板	垫层模板	m^2	29.44	32.38	953.27	
64	011702001001	基础	独立基础模板	m^2	163.24	52.68	8599.48	
65	011702005001	基础梁	基础梁模板	m^2	404.74	41.25	16 695.53	
66	011702006001	矩形梁	1. 混凝土矩形梁模板 2. 支撑高度：3.9m	m^2	832.85	47.06	39 193.92	
67	011702009001	过梁	1. 混凝土矩形过梁模板 2. 支撑高度：3.9m	m^2	25.58	68.8	1759.9	
68	011702016001	平板	1. 混凝土平板模板 2. 支撑高度：3.9m	m^2	1160.42	51.53	59 796.44	
69	011702023001	雨篷、悬挑板、阳台板	混凝土雨篷板模板	m^2	5.78	86.1	497.66	
70	011702011001	直形墙	1. 混凝土女儿墙模板 2. 支撑高度：1.5m	m^2	185.32	49.92	9251.17	
			本页小计				166 938.6	7551.62

工程名称：×××小学综合楼建筑与装饰工程 第8页 共8页

序号	项目编码	项目名称	项目特征	计量单位	工程量	金额（元）		
						综合单价	合价	其中 暂估价
71	011702003001	构造柱	1. 混凝土构造柱模板 2. 支撑高度：3.9m	m^2	88.59	43.38	3843.03	
72	011702002001	矩形柱	1. 混凝土柱模板 2. 支撑高度：3.9m	m^2	609.1	54.76	33 354.32	
73	011702024001	楼梯	楼梯模板	m^2	38.32	135.42	5189.29	
74	011702008001	圈梁	1. 卫生间填充墙根部混凝土翻边 2. 高度：200mm	m^2	16.28	54.11	880.91	
75	011701001001	综合脚手架	1. 综合脚手架 2. 檐高：7.68m	m^2	1369.48	49.74	68 117.94	
76	011703001001	垂直运输	1. 垂直运输 2. 檐高：7.68m	m^2	1369.48	20.09	27 512.85	
77	011705001002	大型机械设备进出场及安拆	大型机械设备进出场及安拆	台次	1	22 875.57	22 875.57	
			本页小计				161 773.91	
			合　计				1 960 906.84	37 420.07

表 4-30　　总价措施项目清单与计价表

工程名称：×××小学综合楼建筑与装饰工程 第1页 共1页

序号	项目编码	项目名称	计算基础	费率（%）	金额（元）	调整费率（%）	调整后金额（元）	备注
1	011707001	安全文明施工费			39 675.19			
1.1	011707001001	安全文明施工与环境保护费	分部分项人工费＋技术措施项目人工费	5.5	29 095.14			
1.2	011707001002	临时设施费	分部分项人工费＋技术措施项目人工费	2	10 580.05			
2	011707005001	雨季施工增加费	分部分项人工费＋技术措施项目人工费	0.5	2645.02			
3	011707007001	已完工程及设备保护费	分部分项人工费＋技术措施项目人工费	0.8	4232.02			
4	01B001	工程定位复测费	分部分项人工费＋技术措施项目人工费	0.3	1587.01			
5	011707004001	二次搬运费	分部分项人工费＋技术措施项目人工费	0.01	52.9			
6	01B002	特殊地区施工增加费	分部分项人工费＋技术措施项目人工费	0				
		合　计			48 192.14			

表 4-31　　措施项目清单汇总表

工程名称：×××小学综合楼建筑与装饰工程　　第1页　共1页

序号	项目名称	金额（元）
	总价措施	
1	安全文明施工费	39 675.19
2	雨季施工增加费	2645.02
3	已完工程及设备保护费	4232.02
4	工程定位复测费	1587.01
5	二次搬运费	52.9
	分部小计	48 192.14
	单价措施	
6	垫层模板	953.27
7	基础	8599.48
8	基础梁	16 695.53
9	矩形梁	39 193.92
10	过梁	1759.9
11	平板	59 796.44
12	雨篷、悬挑板、阳台板	497.66
13	直形墙模板	9251.17
14	构造柱	3843.03
15	矩形柱	33 354.32
16	楼梯	5189.29
17	卫生间填充墙根部混凝土翻边	880.91
18	综合脚手架	68 117.94
19	垂直运输	27 512.85
20	大型机械设备进出场及安拆	22 875.57
	分部小计	298 521.28
	合计	346 713.42

表 4-32　　其他项目清单与计价汇总表

工程名称：×××小学综合楼建筑与装饰工程　　第1页　共1页

序号	项目名称	金额（元）	结算金额（元）	备注
1	暂列金额	261 394		明细详见表4-11
2	暂估价	20 000		
2.1	专业工程暂估价	20 000		明细详见表4-12
2.2	材料暂估价	—		明细详见表4-13
3	计日工	24 395.85		明细详见表4-33
4	总承包服务费			
5	材料检验试验费	2465.06		
6	建筑工程能效测评费			
7	工程变更及现场签证			
8	提前竣工（赶工补偿）			
9	无负荷联合试运转费			
10	停窝工损失费			
11	施工期间未完工程保护费			
12	企业自有工人培训管理费			
	合　计	308 254.91		—

表 4-33 **计 日 工 表**

工程名称：×××小学综合楼建筑与装饰工程 第1页 共1页

编号	项目名称	单位	暂定数量	实际数量	综合单价（元）	合价	
一	人工					暂定	实际
	技工	工日	50		150	7500	
		人工小计				7500	
二	材料						
	水泥	t	15		240.26	3603.9	
	红青砖	千块	15		386.13	5791.95	
		材料小计				9395.85	
三	机械						
	汽车吊	台班	5		1500	7500	
		机械小计				7500	
四、企业管理费和利润							
		总　计				24 395.85	

表 4-34 **规费、税金项目清单与计价表**

工程名称：×××小学综合楼建筑与装饰工程 第1页 共1页

序号	项目名称	计算基础	计算基数	计算费率（%）	金额
1	规费	社会保险费＋住房公积金＋水利建设基金＋环境保护税	94 311.58	19	94 311.58
1.1	社会保险费	养老失业保险＋基本医疗保险＋工伤保险费＋生育保险费	73 960.13	14.9	73 960.13
(1)	养老失业保险	分部分项人工费＋组织措施人工费＋技术措施人工费	496 376.64	10.5	52 119.55
(2)	基本医疗保险	分部分项人工费＋组织措施人工费＋技术措施人工费	496 376.64	3.7	18 365.94
(3)	工伤保险费	分部分项人工费＋组织措施人工费＋技术措施人工费	496 376.64	0.4	1985.51
(4)	生育保险费	分部分项人工费＋组织措施人工费＋技术措施人工费	496 376.64	0.3	1489.13
1.2	住房公积金	分部分项人工费＋组织措施人工费＋技术措施人工费	496 376.64	3.7	18 365.94
1.3	水利建设基金	分部分项人工费＋组织措施人工费＋技术措施人工费	496 376.64	0.4	1985.51
1.4	环境保护税				
2	税金	税前工程造价	2 411 665.47	9	217 049.89
		合计			311 361.47

表 4-35 **单位工程人材机价差表**

工程名称：×××小学综合楼建筑与装饰工程 第1页 共2页

序号	材料名	规格	单位	材料量	预算价	市场价	价差	价差合计
1	HPB300	ϕ10mm 以内	kg	3996.36	2.7	4.46	1.76	7033.59
2	钢筋综合		kg	97.626 911	2.7	4.46	1.76	171.82
3	钢筋 HRB400 以内 3级	ϕ10mm 以内	kg	24 344.34	2.64	4.5	1.86	45 280.47
4	钢筋 HRB400 以内 3级	ϕ12mm～ϕ18mm	kg	13 421.35	2.54	4.42	1.88	25 232.14
5	钢筋 HRB400 以内 3级	ϕ20mm～ϕ25mm	kg	24 838.825	2.54	4.34	1.8	44 709.89
6	角钢（综合）		kg	23.484	2.7	4.43	1.73	40.63
7	角钢	50	t	0.0774	2745.6	4430	1684.4	130.37
8	热轧薄钢板	厚 4.0mm	t	0.0006	2445.3	4540	2094.7	1.26
9	水泥	32.5	t	66.997 312	188.76	290	101.24	6782.81
10	砂子		m^3	71.111 962	48.5	65	16.5	1173.35
11	砂子中粗砂		m^3	173.905 857	48.5	65	16.5	2869.45
12	碎石综合		m^3	115.355 696	69.6	65	−4.6	−530.64
13	Low-E 中空玻璃	6mm＋12mm＋6mm	m^2	49.240762	205.92	339	133.08	6552.96
14	面砖	400mm×500mm	m^2	255.5696	35.18	68.65	33.47	8553.91
15	陶瓷地砖综合		m^2	69.2016	37.75	69.2	31.45	2176.39
16	地砖	300mm×300mm	m^2	60.0799	41.18	60.08	18.9	1135.51
17	地砖	800mm×800mm	m^2	1176.8952	47.19	77.23	30.04	35 353.93
18	单扇套装平开实木门、单扇门、镶板门	1000mm×2100mm	樘	6	815.1	1029.69	214.59	1287.54
19	单扇套装平开实木门、单扇门、镶板门	800mm×2100mm	樘	4	815.1	686.46	−128.64	−514.56

工程名称：×××小学综合楼建筑与装饰工程 第2页 共2页

序号	材料名	规格	单位	材料量	预算价	市场价	价差	价差合计
20	双扇套装平开实木门、双扇门、镶板门	1500mm×2100mm	樘	10	986.7	1287.11	300.41	3004.1
21	双扇套装平开实木门、双扇门、镶板门	1200mm×2100mm	樘	1	986.7	1201.3	214.6	214.6
22	双扇套装平开实木门、双扇门、半玻夹板门	1500mm×2100mm	樘	2	986.7	1287.11	300.41	600.82
23	钢质防火门	乙FM0821	m^2	4.9518	497.64	404.41	−93.23	−461.66
24	铝合金隔热断桥平开门（含中空玻璃）		m^2	12.101 04	553.41	692.16	138.75	1679.02
25	铝合金隔热断桥平开窗（含中空玻璃）		m^2	125.161488	394.68	443.7	49.02	6135.42
26	铝合金隐形纱窗扇		m^2	39.696	51.48	88.74	37.26	1479.07
27	真石漆		kg	3070.6208	5.58	14.5	8.92	27 389.94
28	SBS改性沥青防水卷材	厚4mm	m^2	1128.717 09	27.46	29	1.54	1738.22
29	岩棉板	厚50mm	m^3	48.107 484	248.82	527	278.18	13 382.54
30	聚苯乙烯板		m^3	34.335 75	300.3	195	−105.3	−3615.55
31	电		kW·h	604.963 694	0.58	0.66	0.08	48.4
32	复合模板		m^2	817.904 133	30.72	32.85	2.13	1742.14
33	木支撑		m^3	6.521 775	1372.8	1739	366.2	2388.27
34	预拌混凝土	C15	m^3	60.801 798	247.35	315	67.65	4113.24
35	预拌混凝土	C20	m^3	35.711 389	252.2	325	72.8	2599.79
36	预拌混凝土	C25	m^3	13.249 079	266.75	335	68.25	904.25
37	预拌混凝土	C30	m^3	501.055 575	281.3	345	63.7	31 917.24
38	预拌细石混凝土	C20	m^3	20.399 475	281.3	345	63.7	1299.45
39	预拌水泥砂浆		m^3	3.508 258	197.34	345	147.66	518.03
40	柴油		kg	938.444 43	6.39	7.44	1.05	985.37
41	电		kW·h	7909.690 55	0.58	0.66	0.08	632.78
	合计							286 136.3

表 4 - 36 分部分项工程量清单综合单价分析表（带子目）

工程名称：×××小学综合楼建筑与装饰工程 第1页 共17页

顺序号	项目编号（定额编号）	项目名称	单位	数量	综合单价（元）	综合合价（元）	综合单价				
							人工费	材料费	机械费	管理费	利润
1	010501001001	垫层	m^3	21.52	380.44	8187.07	41.59	323.87		8.32	6.66
	5-1	现浇混凝土：垫层	m^3	21.52	380.44	8187	41.59	323.87		8.32	6.66
2	010501003001	独立基础	m^3	92.41	393.16	36 331.92	31.47	350.36		6.29	5.03
	5-7 换	现浇混凝土：独立基础混凝土换为预拌混凝土，强度等级为C30	m^3	92.41	393.16	36 331.55	31.47	350.36		6.29	5.04
3	010401008001	填充墙	m^3	259.82	322.08	83 682.83	104.36	176.68	3.48	20.87	16.7
	4-51 换	轻集料混凝土小型空心砌块墙，墙厚240mm换为砌筑用混合砂浆，强度等级为M5，现拌砂浆	m^3	259.82	322.08	83 683.09	104.36	176.68	3.48	20.87	16.7
4	010503001001	基础梁	m^3	48.09	398.25	19 151.84	32.7	353.78		6.54	5.23
	5-22 换	现浇混凝土：基础梁换为预拌混凝土，强度等级为C30	m^3	48.09	398.25	19 152.03	32.71	353.78		6.54	5.23
5	010503002001	矩形梁	m^3	114.23	399.59	45 645.17	33.9	353.49		6.78	5.42
	5-23 换	现浇混凝土：矩形梁换为预拌混凝土，等级为C30	m^3	114.23	399.59	45 645.05	33.9	353.49		6.78	5.42

工程名称：×××小学综合楼建筑与装饰工程　　　　第2页　共17页

顺序号	项目编号（定额编号）	项目名称	单位	数量	综合单价（元）	综合合价（元）	综合单价				
							人工费	材料费	机械费	管理费	利润
6	010501001002	垫层	m^3	24.35	124.61	3034.25	35.08	76.5	0.41	7.02	5.61
	4-92	垫层：砂	m^3	24.35	124.61	3034.25	35.08	76.5	0.41	7.02	5.61
7	010503005001	过梁	m^3	1.86	505.27	939.8	114.22	349.94		22.84	18.27
	5-27 换	现浇混凝土：过梁换为预拌混凝土，强度等级为 C25	m^3	1.86	505.27	939.81	114.22	349.94		22.84	18.27
8	010505003001	平板	m^3	141.98	412.64	58 586.63	39.47	358.65	0.31	7.89	6.31
	5-42 换	现浇混凝土：平板换为预拌混凝土，强度等级为 C30	m^3	141.98	412.64	58 585.92	39.47	358.65	0.31	7.89	6.32
9	010505008001	雨篷板	m^3	0.52	517.29	268.99	123.37	349.52		24.67	19.73
	5-53 换	现浇混凝土：雨篷板换为预拌混凝土，强度等级为 C25	m^3	0.52	517.29	268.99	123.36	349.52		24.67	19.74
10	010504001001	直形墙	m^3	11.72	412.52	4834.73	46.48	349.31		9.3	7.44
	5-31 换	现浇混凝土：直形墙混凝土换为预拌混凝土，强度等级为 C30	m^3	11.72	412.52	4834.78	46.48	349.31		9.3	7.44
11	010502002001	构造柱	m^3	11.07	524.79	5809.43	135.63	340.33		27.13	21.7
	5-17 换	现浇混凝土：构造柱换为预拌混凝土，强度等级为 C25	m^3	11.07	524.79	5809.38	135.63	340.33		27.13	21.7

工程名称：×××小学综合楼建筑与装饰工程　　　　第3页　共17页

顺序号	项目编号（定额编号）	项目名称	单位	数量	综合单价（元）	综合合价（元）	综合单价				
							人工费	材料费	机械费	管理费	利润
12	010502001001	矩形柱	m^3	80.59	459.69	37 046.42	81.02	349.51		16.2	12.96
	5-16换	现浇混凝土：矩形柱换为预拌混凝土，强度等级为C30	m^3	80.59	459.69	37 046.58	81.02	349.51		16.2	12.96
13	010503004001	圈梁	m^3	1.724	452.3	779.77	94.18	324.21		18.83	15.07
	5-25换	现浇混凝土：圈梁换为预拌混凝土，强度等级为C15	m^3	1.724	452.3	779.76	94.18	324.21		18.84	15.07
14	010506001001	直形楼梯	m^2	38.32	139.96	5363.27	36.04	90.94		7.21	5.77
	5-58换	现浇混凝土：楼梯，直形换为预拌混凝土，强度等级为C30	m^2（水平投影面积）	38.32	139.96	5363.15	36.04	90.94		7.21	5.77
15	010515001001	现浇构件：钢筋	t	3.012	5995.82	18 059.41	1027.78	4575.93	22.11	205.56	164.44
	5-104	现浇构件：圆钢筋，钢筋HPB300，直径小于或等于10mm	t	3.012	5995.82	18 059.41	1027.78	4575.93	22.11	205.56	164.44
16	010515001002	现浇构件：钢筋	t	4.69	5791.19	27 160.68	854.42	4606.92	22.26	170.88	136.71
	5-108	现浇构件：带肋钢筋，HRB400以内，直径小于或等于10mm	t	4.69	5791.19	27 160.68	854.42	4606.92	22.26	170.88	136.71
17	010515001003	现浇构件：钢筋	t	4.795	5666.04	27 168.66	735.89	4605.23	60	147.18	117.74

工程名称：×××小学综合楼建筑与装饰工程　　　　第4页　共17页

顺序号	项目编号（定额编号）	项目名称	单位	数量	综合单价（元）	综合合价（元）	综合单价				
							人工费	材料费	机械费	管理费	利润
	5-109	现浇构件：带肋钢筋，HRB400以内，直径小于或等于18mm	t	4.795	5666.04	27 168.66	735.89	4605.23	60	147.18	117.74
18	010515001004	现浇构件：钢筋	t	5.082	5666.04	28 794.82	735.89	4605.23	60	147.18	117.74
	5-109	现浇构件：带肋钢筋，HRB400以内，直径小于或等于18mm	t	5.082	5666.04	28 794.82	735.89	4605.23	60	147.18	117.74
19	010515001005	现浇构件：钢筋	t	9.628	5246.26	50 510.99	505.58	4509.81	48.86	101.12	80.89
	5-110	现浇构件：带肋钢筋，HRB400以内，直径：小于或等于25mm	t	9.628	5246.26	50 510.99	505.58	4509.81	48.86	101.12	80.89
20	010515001006	现浇构件：钢筋	t	0.82	7078.91	5804.71	1801.09	4579.3	50.13	360.22	288.17
	5-131	箍筋：圆钢，HPB300，直径小于或等于10mm	t	0.82	7078.91	5804.71	1801.08	4579.31	50.13	360.22	288.17
21	010515001007	现浇构件：钢筋	t	0.043	5995.81	257.82	1027.67	4575.81	22.09	205.58	164.42
	5-104	现浇构件：圆钢筋，钢筋HPB300，直径小于或等于10mm	t	0.043	5995.82	257.82	1027.78	4575.93	22.11	205.56	164.44
22	010515001008	现浇构件：钢筋	t	0.043	5995.81	257.82	1027.67	4575.81	22.09	205.58	164.42

工程名称：×××小学综合楼建筑与装饰工程　　第5页　共17页

顺序号	项目编号（定额编号）	项目名称	单位	数量	综合单价（元）	综合合价（元）	综合单价				
							人工费	材料费	机械费	管理费	利润
	5-104	现浇构件：圆钢筋，钢筋HPB300，直径小于或等于10mm	t	0.043	5995.82	257.82	1027.78	4575.93	22.11	205.56	164.44
23	010515001009	现浇构件：钢筋	t	3.08	5666.04	17 451.4	735.89	4605.23	60	147.18	117.74
	5-109	现浇构件：带肋钢筋，HRB400以内，直径小于或等于18mm	t	3.08	5666.04	17 451.4	735.89	4605.23	60	147.18	117.74
24	010515001010	现浇构件：钢筋	t	0.137	5666.06	776.25	735.91	4605.26	60	147.15	117.74
	5-109	现浇构件：带肋钢筋，HRB400以内，直径小于或等于18mm	t	0.137	5666.04	776.25	735.89	4605.23	60	147.18	117.74
25	010515001011	现浇构件：钢筋	t	14.528	5246.26	76 217.67	505.58	4509.81	48.86	101.12	80.89
	5-110	现浇构件：带肋钢筋，HRB400以内，直径小于或等于25mm	t	14.528	5246.26	76 217.67	505.58	4509.81	48.86	101.12	80.89
26	010515001012	现浇构件：钢筋	t	0.077	5246.23	403.96	505.58	4509.87	48.83	101.17	80.91
	5-110	现浇构件：带肋钢筋，HRB400以内，直径小于或等于25mm	t	0.077	5246.26	403.96	505.58	4509.81	48.86	101.12	80.89

工程名称：×××小学综合楼建筑与装饰工程 第6页 共17页

顺序号	项目编号（定额编号）	项目名称	单位	数量	综合单价（元）	综合合价（元）	综合单价				
							人工费	材料费	机械费	管理费	利润
27	010515001013	现浇构件：钢筋	t	8.722	5791.19	50 510.76	854.42	4606.92	22.26	170.88	136.71
	5-108	现浇构件：带肋钢筋，HRB400以内，直径小于或等于10mm	t	8.722	5791.19	50 510.76	854.42	4606.92	22.26	170.88	136.71
28	010515001014	现浇构件：钢筋	t	10.349	6985.35	72 291.39	1699.86	4620.11	53.43	339.97	271.98
	5-133	箍筋：带肋钢筋，HRB400以内，直径小于或等于10mm	t	10.349	6985.35	72 291.39	1699.86	4620.11	53.43	339.97	271.98
29	010515001015	现浇构件：钢筋	t	0.106	6985.38	740.45	1699.91	4620.09	53.4	340	271.98
	5-133	箍筋：带肋钢筋，HRB400以内，直径小于或等于10mm	t	0.106	6985.35	740.45	1699.86	4620.11	53.43	339.97	271.98
30	010901002001	屋面	m^2	673.25	174.03	117 165.7	33.11	127.69	1.31	6.62	5.3
	11-1换	平面砂浆找平层：混凝土或硬基层上20mm换为现拌砂浆	m^2	673.25	13.77	9271.39	6.24	4.63	0.66	1.25	1
	9-219换	涂料（涂膜）防水：聚氨酯防水涂膜（2mm厚），平面，实际厚度为1.5mm	m^2	673.25	30.15	20 301.72	2.81	26.33		0.56	0.45
	10-18	屋面：水泥珍珠岩	m^3	20.1975	304.52	6150.54	82.95	191.71		16.59	13.27

工程名称：×××小学综合楼建筑与装饰工程　　　　第7页　共17页

顺序号	项目编号（定额编号）	项目名称	单位	数量	综合单价（元）	综合合价（元）	综合单价				
							人工费	材料费	机械费	管理费	利润
	11-1换	平面砂浆找平层：混凝土或硬基层上20mm换为现拌砂浆	m^2	673.25	13.49	9083.49	6.24	4.35	0.66	1.25	1
	10-41	屋面：干铺聚苯乙烯板，厚度为50mm	m^2	673.25	13.67	9200.3	2.74	9.95		0.55	0.44
	11-4	细石混凝土地面找平层，厚度为30mm	m^2	673.25	19.49	13 122.11	6.63	10.47		1.33	1.06
	9-42	卷材防水：SBS改性沥青卷材，热熔法，一层厚度为4mm	m^2	807.9	48.2	38 943.93	3.7	43.18		0.74	0.59
	11-12	混凝土地面：厚度为40mm	m^2	673.25	16.47	11 089.57	1.52	14.41		0.3	0.24
31	010902004001	屋面排水管	m	48.3	81.18	3920.99	13.73	55.79	6.72	2.75	2.2
	9-121	屋面镀锌钢管排水：水落管	m	48.3	65.21	3149.52	7.73	47.97	6.72	1.55	1.24
	9-102	屋面镀锌铁皮排水：水口	个	6	62.31	373.87	23.49	30.36		4.7	3.76
	9-101	屋面镀锌铁皮排水：水斗	个	6	66.3	397.78	24.77	32.61		4.96	3.96
32	010903003001	墙面砂浆防水（防潮）	m^2	91.36	15.09	1378.62	5.97	6.23	0.75	1.19	0.95
	9-239换	防水砂浆：平面换为现拌砂浆	m^2	91.36	15.09	1378.87	5.97	6.23	0.75	1.19	0.95

工程名称：×××小学综合楼建筑与装饰工程　　　　第8页　共17页

顺序号	项目编号（定额编号）	项目名称	单位	数量	综合单价（元）	综合合价（元）	综合单价				
							人工费	材料费	机械费	管理费	利润
33	011001003001	保温隔热墙面	m^2	786.07	104.13	81 853.47	31.35	61.5		6.27	5.02
	10-86换	墙、柱面：干挂岩棉板，厚度为60mm	m^2	786.07	104.13	81 852.76	31.35	61.5		6.27	5.02
34	011201001001	外墙面装饰	m^2	738.13	152.87	112 837.93	49.58	85.45		9.92	7.93
	14-191	真石漆：墙面	m^2	738.13	123.27	90 991.65	39.22	69.94		7.84	6.27
	10-87	墙、柱面：抗裂保护层耐碱网格布，抗裂砂浆厚度为4mm	m^2	738.13	29.6	21 846.73	10.36	15.51		2.07	1.66
35	011407002001	天棚喷刷涂料	m^2	1364.41	38.99	53 198.35	20.56	11.03		4.11	3.29
	14-252	喷刷涂料：刮腻子，天棚面，满刮两遍	m^2	1364.41	14.55	19 849.03	9.84	1.17		1.97	1.57
	14-257	喷刷涂料：防霉涂料三遍，天棚面	m^2	1364.41	24.44	33 352.87	10.72	9.87		2.14	1.72
36	011302001001	吊顶天棚	m^2	58.71	130.69	7672.81	28.58	91.54	0.28	5.72	4.57
	13-29	平面、跌级天棚：装配式U型轻钢天棚龙骨（不上人型），规格为300mm×300mm，平面	m^2	58.71	56.69	3328.28	20.55	28.46	0.28	4.11	3.29

工程名称：×××小学综合楼建筑与装饰工程　　　　第9页　共17页

顺序号	项目编号（定额编号）	项目名称	单位	数量	综合单价（元）	综合合价（元）	综合单价				
							人工费	材料费	机械费	管理费	利润
	13-122换	平面、跌级天棚：铝合金方板天棚，嵌入式（平板）	m^2	58.71	74	4344.71	8.03	63.08		1.61	1.28
37	011204003001	块料墙面	m^2	245.74	127.81	31 408.03	37.44	76.2	0.7	7.49	5.99
	12-67换	墙面块料面层：面砖预拌砂浆（干混），每块面积小于或等于0.20m^2，换为现拌砂浆	m^2	245.74	127.81	31 409.21	37.44	76.2	0.7	7.49	5.99
38	011407001001	墙面喷刷涂料	m^2	1062.67	41.34	43 930.78	26.49	4.74	0.56	5.3	4.24
	12-2换	一般抹灰：外墙（14mm+6mm），实际厚度为15mm，换为现拌砂浆	m^2	1062.67	29.47	31 314.23	18.62	3.58	0.56	3.72	2.98
	14-251	喷刷涂料：刮腻子，墙面，满刮两遍	m^2	1062.67	11.87	12 615.17	7.87	1.17		1.57	1.26
39	011407001002	墙面喷刷涂料	m^2	441.35	56.9	25 112.82	35.87	7.56	0.56	7.17	5.74
	12-2换	一般抹灰：外墙（14mm+6mm），实际厚度为15mm，换为现拌砂浆	m^2	441.35	29.47	13 005.48	18.62	3.58	0.56	3.72	2.98
	14-251	喷刷涂料：刮腻子，墙面，满刮两遍	m^2	441.35	11.87	5239.35	7.87	1.17		1.57	1.26

工程名称：×××小学综合楼建筑与装饰工程 第10页 共17页

顺序号	项目编号（定额编号）	项目名称	单位	数量	综合单价（元）	综合合价（元）	综合单价				
							人工费	材料费	机械费	管理费	利润
	14-214	喷刷涂料：内墙108涂料，墙面两遍	m^2	441.35	15.56	6869.17	9.37	2.82		1.87	1.5
40	011102003001	块料楼地面：地面1	m^2	38.32	236.9	9078.01	29.83	194.18	2.15	5.97	4.77
	4-100换	垫层：碎石，灌浆换为现拌砂浆	m^3	5.748	218.46	1255.71	68.71	115.06	9.96	13.74	10.99
	5-1	现浇混凝土：垫层	m^3	2.2992	380.44	874.7	41.59	323.87		8.32	6.66
	11-23换	石材楼地面（每块面积）：0.36m^2以内换为现拌砂浆	m^2	38.32	181.31	6947.65	17.03	157.49	0.66	3.41	2.72
41	011102003002	块料楼地面：地面2	m^2	519.28	245.43	127 446.89	54.18	167.13	4.62	10.83	8.67
	4-100换	垫层：碎石，灌浆换为现拌砂浆	m^3	77.892	218.46	17 016.29	68.71	115.06	9.96	13.74	10.99
	5-1	现浇混凝土：垫层	m^3	31.1568	380.44	11 853.2	41.59	323.87		8.32	6.66
	11-1换	平面砂浆找平层：混凝土或硬基层上20mm换为现拌砂浆	m^2	519.28	12.76	6625.23	6.24	3.61	0.66	1.25	1
	9-219换	涂料（涂膜）防水：聚氨酯防水涂膜（2mm厚），平面，实际厚度为1.5mm	m^2	519.28	30.15	15 658.78	2.81	26.33		0.56	0.45

工程名称：×××小学综合楼建筑与装饰工程　　　　第11页　共17页

顺序号	项目编号（定额编号）	项目名称	单位	数量	综合单价（元）	综合合价（元）	综合单价				
							人工费	材料费	机械费	管理费	利润
	5-2	现浇混凝土：轻质混凝土垫层	m^3	25.964	261.23	6782.58	80.89	136.74	14.48	16.18	12.94
	5-188	冷拔钢丝网片制作安装	m^2	519.28	24.53	12 737.94	10.67	8.93	1.09	2.13	1.71
	11-39 换	陶瓷地面砖：0.64m^2以内换为现拌砂浆	m^2	519.28	109.33	56 771.74	17.61	84.73	0.66	3.52	2.82
42	011102003003	块料楼地面：地面 3	m^2	58.33	256.82	14 980.31	56.75	175.02	4.62	11.35	9.08
	4-100 换	垫层：碎石，灌浆换为现拌砂浆	m^3	8.7495	218.46	1911.42	68.71	115.06	9.96	13.74	10.99
	5-1	现浇混凝土：垫层	m^3	3.4998	380.44	1331.45	41.59	323.87		8.32	6.66
	11-1 换	平面砂浆找平层：混凝土或硬基层上 20mm 换为现拌砂浆	m^2	58.33	12.76	744.2	6.24	3.61	0.66	1.25	1
	9-219 换	涂料（涂膜）防水：聚氨酯防水涂膜（2mm 厚），平面，实际厚度为 1.5mm	m^2	58.33	30.15	1758.93	2.81	26.33		0.56	0.45
	5-2	现浇混凝土：轻质混凝土垫层	m^3	2.9165	261.23	761.88	80.89	136.74	14.48	16.18	12.94
	5-188	冷拔钢丝网片制作安装	m^2	58.33	24.53	1430.83	10.67	8.93	1.09	2.13	1.71

工程名称：×××小学综合楼建筑与装饰工程

顺序号	项目编号（定额编号）	项目名称	单位	数量	综合单价（元）	综合合价（元）	综合单价				
							人工费	材料费	机械费	管理费	利润
	9-219 换	涂料（涂膜）防水：聚氨酯防水涂膜（2mm 厚），平面，实际厚度为 1.5mm	m^2	58.33	30.15	1758.93	2.81	26.33		0.56	0.45
	11-37 换	陶瓷地面砖：0.10m^2 以内换为现拌砂浆	m^2	58.33	90.56	5282.62	17.37	66.29	0.66	3.47	2.78
43	011102003004	块料楼地面：楼面 1	m^2	612.35	189.83	116 242.4	41.38	130.44	3.13	8.27	6.62
	11-1 换	平面砂浆找平层：混凝土或硬基层上 20mm 换为现拌砂浆	m^2	612.35	12.76	7812.67	6.24	3.61	0.66	1.25	1
	9-219 换	涂料（涂膜）防水：聚氨酯防水涂膜（2mm 厚），平面，实际厚度为 1.5mm	m^2	612.35	30.15	18 465.29	2.81	26.33		0.56	0.45
	5-2	现浇混凝土：轻质混凝土垫层	m^3	30.6175	261.23	7998.21	80.89	136.74	14.48	16.18	12.94
	5-188	冷拔钢丝网片制作安装	m^2	612.35	24.53	15 020.95	10.67	8.93	1.09	2.13	1.71
	11-39 换	陶瓷地面砖：0.64m^2 以内换为现拌砂浆	m^2	612.35	109.33	66 946.88	17.61	84.73	0.66	3.52	2.82
44	011102003005	块料楼地面：楼面 3	m^2	8.95	194.06	1736.84	23.27	161.1	1.31	4.65	3.72
	11-1 换	平面砂浆找平层：混凝土或硬基层上 20mm 换为现拌砂浆	m^2	8.95	12.76	114.19	6.24	3.61	0.66	1.25	1

工程名称：×××小学综合楼建筑与装饰工程　　　　第13页　共17页

顺序号	项目编号（定额编号）	项目名称	单位	数量	综合单价（元）	综合合价（元）	综合单价				
							人工费	材料费	机械费	管理费	利润
	11-23换	石材楼地面（每块面积）：0.36m²以内换为现拌砂浆	m²	8.95	181.31	1622.69	17.03	157.49	0.66	3.41	2.72
45	011105002001	石材踢脚线	m²	4.08	199.92	815.67	31.6	156.94		6.32	5.06
	11-72换	踢脚线：石材，弧形踢脚线、楼梯段踢脚线人工×1.15，机械×1.15	m²	4.08	199.92	815.67	31.6	156.94		6.32	5.06
46	011105003001	块料踢脚线	m²	66.54	119.25	7934.9	34.15	72.81		6.83	5.46
	11-73	踢脚线：陶瓷地面砖	m²	66.54	119.25	7934.93	34.15	72.81		6.83	5.46
47	011503001001	金属扶手、栏杆、栏板	m	12.48	221.68	2766.57	33.15	166.38	10.22	6.63	5.3
	15-108	不锈钢管栏杆：直形，带扶手	m	12.48	221.68	2766.52	33.15	166.38	10.22	6.63	5.3
48	011106001001	石材楼梯面层	m²	29.37	377.24	11 079.54	122.84	209.36	0.82	24.57	19.65
	11-83换	楼梯面层：石材换为现拌砂浆	m²	20.559	288.41	5929.47	46.93	223.7	0.89	9.39	7.51
	11-23换	石材楼地面（每块面积）：0.36m²以内换为现拌砂浆	m²	8.811	181.31	1597.49	17.03	157.49	0.66	3.41	2.72

工程名称：×××小学综合楼建筑与装饰工程　　第14页　共17页

顺序号	项目编号（定额编号）	项目名称	单位	数量	综合单价（元）	综合合价（元）	综合单价				
							人工费	材料费	机械费	管理费	利润
	15-231	石材开槽：开槽（断面面积）小于或等于 $30mm^2$	m	153.6	7.78	1194.95	5.08	0.87		1.02	0.81
	15-229	石材：磨制、抛光半圆边	m	76.8	30.7	2357.69	22.3	0.37		4.46	3.57
49	010807001001	金属（塑钢、断桥）窗	m^2	132.32	538.84	71 299.31	33.3	493.56		6.66	5.33
	8-71	隔热断桥铝合金：普通窗安装，平开	m^2	132.32	506.44	67 011.86	29.05	466.93		5.81	4.65
	8-80	铝合金窗纱扇：安装，隐形纱扇	m^2	39.696	108	4287.29	14.16	88.74		2.83	2.27
50	011209002001	全玻璃（无框玻璃）幕墙	m^2	64.26	881.52	56 646.48	128.33	702.87	4.12	25.67	20.53
	12-224	玻璃幕墙：明框	m^2	51.66	791.75	40 901.79	138.48	598.29	5.13	27.7	22.16
	8-8	隔热断桥铝合金门安装，平开	m^2	12.6	762.33	9605.38	42.79	704.13		8.56	6.85
	12-234	幕墙与建筑物顶端、侧边的封边	m^2	51.66	118.84	6139.05	10.71	104.27		2.14	1.71
51	010802003001	钢质防火门	m^2	5.04	453.83	2287.3	40.7	398.48		8.14	6.51
	8-13	钢质防火门安装	m^2	5.04	453.83	2287.3	40.7	398.48		8.14	6.51
52	010801002001	木质门带套	m^2	12.6	528.48	6658.85	19.7	501.69		3.94	3.15

工程名称：×××小学综合楼建筑与装饰工程 第15页 共17页

顺序号	项目编号（定额编号）	项目名称	单位	数量	综合单价（元）	综合合价（元）	综合单价				
							人工费	材料费	机械费	管理费	利润
	8-3	成品套装木门安装：单扇门	樘	6	1109.82	6658.91	41.38	1053.54		8.28	6.62
53	010801002002	木质门带套	m^2	31.5	449.56	14 161.14	19.29	423.32		3.86	3.09
	8-4	成品套装木门安装：双扇门	樘	10	1416.11	14161.12	60.77	1333.47		12.15	9.72
54	010801002003	木质门带套	m^2	2.52	527.9	1330.31	24.12	495.1		4.82	3.86
	8-4	成品套装木门安装：双扇门	樘	1	1330.3	1330.3	60.77	1247.66		12.15	9.72
55	010801002004	木质门带套	m^2	6.72	456.3	3066.34	24.63	422.81		4.93	3.94
	8-3	成品套装木门安装：单扇门	樘	4	766.59	3066.36	41.38	710.31		8.28	6.62
56	010801002005	木质门带套	m^2	6.3	449.56	2832.23	19.29	423.32		3.86	3.09
	8-4	成品套装木门安装：双扇门	樘	2	1416.11	2832.22	60.77	1333.47		12.15	9.72
57	011505001001	洗漱台	m^2	6	655.7	3934.2	309.86	233.47	0.83	61.96	49.58
	15-126换	浴厕配件：大理石洗漱台，大于1m^2	m^2	6	531.78	3190.66	221.36	229.9	0.83	44.27	35.42
	15-127	浴厕配件：大理石台面面盆开孔	个	12	43.54	522.48	30.87	1.56		6.17	4.94

工程名称：×××小学综合楼建筑与装饰工程　　　　第16页　共17页

顺序号	项目编号（定额编号）	项目名称	单位	数量	综合单价（元）	综合合价（元）	综合单价				
							人工费	材料费	机械费	管理费	利润
	15-229	石材：磨制、抛光半圆边	m	7.2	30.7	221.03	22.3	0.37		4.46	3.57
58	011210005001	成品隔断	m^2	39.84	331.69	13 214.53	27.71	294		5.54	4.43
	12-253换	浴厕隔断：成品	m^2	39.84	331.69	13 214.4	27.71	294		5.54	4.43
59	011505005001	卫生间扶手	个	9	14.9	134.1	3.68	9.89		0.74	0.59
	15-138	浴厕配件：浴缸拉手，不锈钢	副	9	14.9	134.1	3.68	9.89		0.74	0.59
60	011505010001	镜面玻璃	m^2	10	154.2	1542	26.02	118.82		5.2	4.16
	15-131	浴厕配件：盥洗室台镜，不带框，大于1.0m^2	m^2	10	154.2	1542.02	26.02	118.82		5.2	4.16
61	010507001001	散水	m^2	83.4	139.48	11 632.63	45.66	76.84	0.53	9.13	7.31
	4-92	垫层：砂	m^3	25.02	124.61	3117.74	35.08	76.5	0.41	7.02	5.61
	4-90	垫层：灰土	m^3	12.51	144.9	1812.74	59.31	63.12	1.12	11.86	9.49
	5-61	现浇混凝土：散水	m^2（水平投影面积）	83.4	47.98	4001.53	14.76	27.68	0.22	2.95	2.36
	17-84	基础垫层：复合模板	m^2	83.4	32.38	2700.33	11.48	16.75	0.02	2.3	1.84

工程名称：×××小学综合楼建筑与装饰工程　　　　第17页　共17页

顺序号	项目编号（定额编号）	项目名称	单位	数量	综合单价（元）	综合合价（元）	综合单价				
							人工费	材料费	机械费	管理费	利润
62	010507004001	台阶	m^2	41.09	414.13	17 016.6	87.77	290.85	3.92	17.55	14.04
	4-92	垫层：砂	m^3	12.327	124.61	1536.07	35.08	76.5	0.41	7.02	5.61
	4-100换	垫层：碎石，灌浆换现拌砂浆	m^3	12.327	218.46	2692.96	68.71	115.06	9.96	13.74	10.99
	5-62	现浇混凝土：台阶	m^2	15.365	63.18	970.68	16.15	41.22		3.23	2.58
	17-199	台阶：复合模板木支撑	m^2	15.365	59.69	917.18	15.67	38.28	0.1	3.13	2.51
	11-12换	混凝土地面：厚度为40mm，实际厚度为60mm	m^2	25.725	23.97	616.75	2.18	21.01		0.44	0.35
	11-95换	台阶装饰：石材换为现拌砂浆	m^2	15.365	290.42	4462.36	34.66	242.33	0.95	6.93	5.55
	15-231	石材开槽：开槽（断面面积）小于或等于$30mm^2$	m	50	7.78	388.98	5.08	0.87		1.02	0.81
	15-229	石材：磨制、抛光半圆边	m	25	30.7	767.48	22.3	0.37		4.46	3.57
	11-23换	石材楼地面（每块面积）：$0.36m^2$以内的换为现拌砂浆	m^2	25.725	181.31	4664.1	17.03	157.49	0.66	3.41	2.72
	合计				103 425.23	1 662 385.56	16 922.54	79 704.53	705.67	3384.62	2707.55

表 4 - 37

措施项目清单综合单价分析表（带子目）

工程名称：×××小学综合楼建筑与装饰工程　　　　第 1 页　共 4 页

序号	项目编码	项目名称	项目特征描述	计量单位	工程量	综合单价					综合合价
						人工费	材料费	机械费	管理费和利润	合计	
1	011702025001	垫层模板	基础类型：垫层模板	m^2	29.44	11.48	16.75	0.02	4.14	32.38	953.27
	17-84	基础垫层：复合模板		$100m^2$	0.2944	1147.88	1674.6	2.07	413.24	3237.8	953.21
2	011702001001	基础	基础类型：独立基础模板	m^2	163.24	20.28	25.06	0.04	7.31	52.68	8599.48
	17-102	独立基础：复合模板，木支撑		$100m^2$	1.6324	2028.48	2505.91	3.58	730.26	5268.23	8599.86
3	011702005001	基础梁	梁截面形状：基础梁模板	m^2	404.74	21.66	11.77	0.02	7.8	41.25	16 695.53
	17-140	基础梁：组合钢模板，钢支撑		$100m^2$	4.0474	2166.11	1177.22	2.07	779.8	4125.2	16 696.33
4	011702006001	矩形梁	1. 混凝土矩形梁模板 2. 支撑高度：3.9m	m^2	832.85	20.5	19.17	0.02	7.38	47.06	39 193.92
	17-145	矩形梁：复合模板，钢支撑		$100m^2$	8.3285	2049.83	1916.53	2.07	737.94	4706.36	39 196.92
5	011702009001	过梁	1. 混凝土矩形过梁模板 2. 支撑高度：3.9m	m^2	25.58	35.03	21.06	0.1	12.62	68.8	1759.9
	17-151	过梁：复合模板，钢支撑		$100m^2$	0.2558	3503.41	2105.54	9.79	1261.23	6879.98	1759.9
本页小计										242.17	67 202.1

工程名称：×××小学综合楼建筑与装饰工程　　第2页　共4页

序号	项目编码	项目名称	项目特征描述	计量单位	工程量	综合单价					综合合价
						人工费	材料费	机械费	管理费和利润	合计	
6	011702016001	平板	1. 混凝土平板模板 2. 支撑高度：3.9m	m^2	1160.42	21.83	21.8	0.05	7.85	51.53	59 796.44
	17-174	平板：复合模板，钢支撑		$100m^2$	11.6042	2182.51	2180.06	4.64	785.7	5152.91	59 795.4
7	011702023001	雨篷、悬挑板、阳台板	构件类型：1. 混凝土雨篷板模板	m^2	5.78	40.8	30.56	0.05	14.69	86.1	497.66
	17-185	雨篷板：直形，复合模板钢支撑		$100m^2$	0.0578	4079.99	3056.35	4.64	1468.8	8609.77	497.64
8	011702011001	直形墙模板	1. 混凝土女儿墙模板 2. 支撑高度：1.5m	m^2	185.32	18.97	24.12	0.01	6.83	49.92	9251.17
	17-157	直形墙：复合模板，钢支撑		$100m^2$	1.8532	1897.14	2411.53	0.5	682.97	4992.15	9251.45
9	011702003001	构造柱	1. 混凝土构造柱模板 2. 支撑高度：3.9m	m^2	88.59	17.34	19.77	0.03	6.24	43.38	3843.03
	17-135	构造柱：复合模板，钢支撑		$100m^2$	0.8859	1734.24	1976.61	3.08	624.33	4338.26	3843.26
10	011702002001	矩形柱	1. 混凝土柱模板 2. 支撑高度：3.9m	m^2	609.1	24.08	21.97	0.03	8.67	54.76	33 354.32
	17-133	矩形柱：复合模板，钢支撑		$100m^2$	6.091	2408.34	2197.24	3.08	867	5475.67	33 352.31
本页小计										285.69	106 742.62

工程名称：×××小学综合楼建筑与装饰工程　　　　第3页　共4页

序号	项目编码	项目名称	项目特征描述	计量单位	工程量	综合单价					综合合价
						人工费	材料费	机械费	管理费和利润	合计	
11	011702024001	楼梯	类型：楼梯模板	m^2	38.32	72.93	36.21	0.03	26.26	135.42	5189.29
	17-193	楼梯：直形，复合模板钢支撑		$100m^2$	0.3832	7292.75	3620.6	2.8	2625.39	13 541.53	5189.11
12	011702008001	圈梁	1. 卫生间填充墙根部混凝土翻边 2. 高度：200mm	m^2	16.28	25.28	19.72		9.1	54.11	880.91
	17-148	圈梁：直形，复合模板，钢支撑		$100m^2$	0.1628	2527.99	1972.46	0.5	910.08	5411.04	880.92
13	011701001001	综合脚手架	1. 建筑结构形式：综合脚手架 2. 檐口高度：7.68m	m^2	1369.48	24.34	12.74	3.9	8.76	49.74	68 117.94
	17-9	多层建筑综合脚手架：框架结构，檐高20m以内		$100m^2$	13.6948	2433.84	1273.93	390.23	876.18	4974.18	68 120.4
14	011703001001	垂直运输	1. 建筑物建筑类型及结构形式：垂直运输 2. 地下室建筑面积：檐高7.68m	m^2	1369.48			20.09		20.09	27 512.85
	17-288 * 1.1	建筑物垂直运输：20m以内卷扬机施工，现浇框架，单价×1.1		$100m^2$	13.6948			2009.39		2009.39	27 518.19
本页小计										259.36	101 700.99

工程名称：×××小学综合楼建筑与装饰工程　　第4页　共4页

序号	项目编码	项目名称	项目特征描述	计量单位	工程量	综合单价					综合合价
						人工费	材料费	机械费	管理费和利润	合计	
15	011705001002	大型机械设备进出场及安装拆除	机械设备名称：大型机械设备进出场及安拆	台次	1	7190.4	74.97	13 021.66	2588.54	22 875.57	22 875.57
	17-387	施工电梯进出场费，75m以内		台次	1	1123.5	37.21	8628.64	404.46	10 089.48	10 089.48
	17-362	施工电梯安装拆除费，75m以内		台次	1	6066.9	37.76	4497.34	2184.08	12 786.09	12 786.09
本页小计										22 875.57	22 875.57
合　计										23 662.79	298 521.28

扫一扫

实训项目图纸

4.2 实训项目

针对课程在不同专业的设置内容及开设的课时，面对学生群体的不同，综合实训项目分别给出结构形式不同的建筑及装饰工程的施工图，图纸难易度分明，指导教师可根据学生情况和实训时间选择适合的项目进行实训。

由于教材版面的局限性，图纸建筑面积大，建筑与结构图多，图纸不能按比例清楚地放入到教材中，为了方便学生更好地选择实训项目，教材中设置了二维码，扫码可选择施工图纸，学生根据教师的要求可自行出图。实训时，严格按照实训任务书和指导书的要求编制单位工程的工程量清单和招标控制价。

工程情况概述如下：

1. ×××办公楼

(1) 建筑结构形式为框架结构，民用建筑耐火等级为地上二级，使用年限为 50 年，抗震设防烈度为 8 度。

(2) 建筑层数为地上四层，建筑高度为 15.9m。

(3) 该工程总建筑面积为 7142m^2，一层为 1752m^2，二层为 1790m^2，三、四层各为 1800m^2。

(4) 该工程基础采用钢筋混凝土独立基础，建筑结构安全等级为二级。

(5) 其他具体说明详见建筑及结构施工图。

2. ×××卫生院

(1) 建筑结构形式为砖混结构，民用建筑耐火等级为二级，使用年限为 50 年，抗震设防烈度为 7 度。

(2) 建筑层数为地上三层，建筑高度为 11.58m。

(3) 该工程总建筑面积为 1805.24m^2，室内外高差为 450mm。

(4) 该工程基础为毛石基础，采用 M7.5 水泥砂浆砌筑 MU30 级以上未化毛石，建筑结构安全等级为二级。

(5) 其他具体说明详见建筑及结构施工图。

3. ×××银行办公楼

(1) 建筑结构形式为框架结构，民用建筑耐火等级为地上二级，使用年限为 50 年，抗震设防烈度为 7 度。

(2) 建筑层数为地上四层，建筑高度为 16.05m。

(3) 该工程总建筑面积为 2014.76m^2，室内外高差为 600mm。

(4) 该工程基础采用钢筋混凝土独立基础，建筑结构安全等级为二级。

(5) 其他具体说明详见建筑及结构施工图。

第 5 章　综 合 实 训 答 辩 指 导

学 习 目 标

通过该项目的学习，使学生系统了解毕业实训答辩的整个流程和考核评审标准，认真做好毕业实训答辩准备，在答辩中充分展现自身的分析和综合归纳能力、理论联系实际的能力和专业方面的潜在能力，顺利完成毕业实训各项任务要求。

学 习 要 求

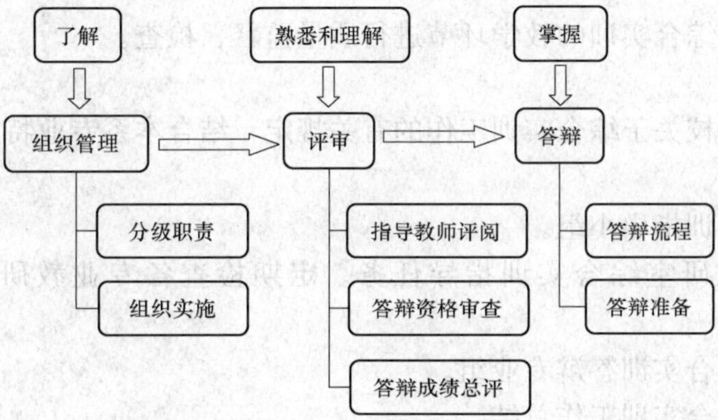

综合实训是高等职业学院培养面向生产、建设、管理和服务第一线的高素质技术技能型人才的最后一个教学环节，是培养学生综合运用所学基础理论、基本知识、基本技能和专业知识的重要手段。通过完成某一课题，学生可掌握基本的设计（科研）方法，受到初步的工程技术训练，既可以进一步检验学生处理实际问题的能力，又可以综合衡量教学质量，以利于提高教学管理水平。

5.1 组 织 管 理

5.1.1 综合实训的落实

综合实训工作在学校分管教学负责人的统一领导下，由教务处、系部、专业教研室和指导教师分级落实完成。

1. 教务处职责

(1) 制定综合实训工作的有关制度及规定，进行综合实训工作的宏观指导。

(2) 牵头成立综合实训领导小组及答辩委员会。

(3) 协调校内有关部门，为正常开展毕业实训工作提供必要的场地、设备等方面的保障。

(4) 负责对各系综合实训的教学环节进行质量监督、检查。

2. 系部职责

(1) 贯彻执行学校关于综合实训工作的有关规定，结合本系专业特点，制定综合实训管理的实施细则。

(2) 成立综合实训指导小组。

(3) 分配专业教研室综合实训指导任务。定期检查各专业教研室综合实训工作的进度。

(4) 成立系部综合实训答辩专业组。

(5) 做好本系综合实训工作总结。

3. 专业教研室职责

专业教研室具体负责综合实训工作的组织与实施，主要职责是：

(1) 成立综合实训工作小组，具体组织与指导本专业综合实训工作。

(2) 制订（修订）综合实训课程标准，制订本专业综合实训工作计划。

(3) 安排综合实训指导教师，审查综合实训课题和综合实训任务书。

(4) 检查综合实训进程和指导教师的指导情况；成立综合实训答辩小组，进行综合实训考核；向系部推荐优秀综合实训，对本专业综合实训工作进行总结。

(5) 收集整理教研室优秀的学生综合实训过程材料和成果资料，统一交系部存档。

(6) 完成本系部和学校对综合实训的检查与考核相关工作。

4. 指导教师职责

指导教师负责所指导学生综合实训的指导和考核工作，对指导教师的要求及指导教师的主要职责是：

(1) 指导教师须具备一定的教学和实践经验，熟悉所指导的课题内容。各专业须引进企业专家兼任综合实训指导教师，实行“校内指导教师＋企业指导教师”的“双导师”制。

(2) 为保证综合实训教学质量，第一次指导综合实训的教师应配备有经验的教师协同指导。指导教师一经确定，不得随意更换。

(3) 指导教师必须认真履行指导职责，坚持教书育人，从严要求，加强思想教育、安全教育、考勤等方面的学生管理工作。

（4）指导教师全程督促和指导学生按计划完成综合实训，形成综合实训成果，及时解决学生在综合实训过程中遇到的各种问题。

（5）指导教师按规定对所指导学生的综合实训过程和综合实训成果进行考评，收集所指导学生的综合实训资料。

5. 对学生的要求

（1）在指导教师的指导下，做好选题。学生必须参加综合实训的各个训练环节，按计划完成实训任务，整理工程项目图纸和相关资料，撰写工程量清单计价计算书，并参加答辩。学生应主动接受教师的检查和指导，定期向教师汇报综合实训进度，听取教师对实训的意见和指导。

（2）学生在完成综合实训期间应严格遵守考勤制度，无故离岗者按旷课处理。

（3）不得弄虚作假，不得抄袭他人成果。

5.1.2　综合实训的组织实施

综合实训的组织实施分下达任务、组织开展、考核总结等阶段进行。

1. 下达任务阶段

（1）教务处制订全校综合实训工作方案，对综合实训工作专门机构的设置、计划的制订、选题和指导教师的安排、工作进程的安排等提出具体要求。

（2）系部成立综合实训工作指导小组，会同教研室编制二级学院综合实训工作计划报教务处审查和主管院领导审批。

（3）专业教研室成立综合实训工作小组，安排综合实训指导教师，编制本专业综合实训工作计划报系部指导小组审批。

（4）系部和专业教研室对综合实训工作进行动员并提出相关要求。

2. 组织开展阶段

（1）指导教师督促指导学生按计划开展综合实训相关工作。

（2）教研室定期召开指导教师会议，掌握本专业学生综合实训的进展情况，对后续工作进行研讨和布置。

（3）学生按计划完成综合实训相关工作，按要求完成综合实训成果。

3. 考核总结阶段

根据学生的综合实训成果，各系（部）有序组织综合实训的评审和答辩工作。在各项工作结束后，做好档案资料的存档留存工作。

5.2　评　　审

学生综合实训的考核包括指导教师评阅、答辩资格审查、答辩与成绩总评等环节。

1. 指导教师评阅

指导教师对所指导学生的综合实训成果等进行评阅，结合学生平时表现，给出评阅意见和评阅成绩，详细标准见表 5-1。

表 5-1 **综合实训指导教师评定成绩**

项目	分值	优秀 (100>x≥90)	良好 (90>x≥80)	中等 (80>x≥70)	及格 (70>x≥60)	不及格 (x<60)	评分
		参考标准					
学习态度	25	学习态度认真，科学作风严谨，严格保证实训时间并按任务书中规定的进度开展各项工作	学习态度比较认真，科学作风良好，能按期圆满完成任务书规定的任务	学习态度尚好，遵守组织纪律，基本保证设计时间，按期完成各项工作	学习态度尚可，能遵守组织纪律，能按期完成任务	学习马虎，纪律涣散，不能保证设计时间和进度	
技术水平与实际能力	25	能熟练地综合运用所学理论和专业知识；计算、分析结果正确、严密；独立工作能力较强；有自己的独到见解，水平较高	能较好地运用所学的理论和专业知识；计算、分析结果正确；有一定的独立工作能力；有一定的水平	在运用所学的理论和专业知识上基本正确，但在非主要内容上有欠缺和不足；计算、分析基本正确；有一定的独立工作能力	独立工作能力较差且有一些小的疏忽和遗漏，在运用理论和专业知识中，没有大的原则性错误；计算、分析基本正确，达到了基本要求	基本概念和基本技能未掌握，在运用理论和专业知识中出现不应有的原则错误；在整个计算书编制工作中独立工作能力差，未达到最基本要求	
工程量清单与计价文件编制质量	50	完成的实训资料条理清楚，论述充分，文字通顺，符合技术用语要求，符号统一，编号齐全，书写工整。计算书完备、整洁、正确	完成的实训资料条理清楚，论述正确，文字通顺，符合技术用语要求，书写工整。计算书完备、整洁、正确	完成的实训资料水平一般。计算书完备、基本正确，但有个别错误（或表达不清楚），书写不够工整	完成的实训资料不够恰当和清晰，文字、符号方面问题较少。工作不够认真，有个别明显错误	完成的实训资料（条理不清，书写潦草，质量很差，或有原则性错误，有相互抄袭行为	

2. 答辩资格审查

根据指导教师评阅意见，答辩小组对学生的综合实训答辩资格进行审查，凡属下列情况之一者，学生答辩资格审查为不通过，不能参加答辩：

(1) 学生在综合实训期间学习与工作态度不认真，严重违反考勤纪律及相关规章制度，综合实训平时成绩不合格。

(2) 学生未按要求完成综合实训任务，包括未按规定时间提交综合实训成果资料。

(3) 学生综合实训成果未达到基本要求，指导教师评阅成绩为不合格。

(4) 学生综合实训有抄袭他人成果、找人代做等作弊行为。

3. 答辩与成绩总评

(1) 指导教师评阅成绩占总评成绩的 60%，主要对学生的学习态度、技术水平与实际能力和实训成果分别进行评价，详细标准见表 5-1。

(2) 答辩成绩占总评成绩的 40%。由答辩小组对学生的答辩情况进行评价，详细标准见表5-2。

表5-2 综合实训答辩成绩评定

项目	分值	优秀（100>x≥90）	良好（90>x≥80）	中等（80>x≥70）	及格（70>x≥60）	不及格（x<60）	评分
		参考标准					
时间掌握情况	10	时间掌握准确，不拖沓延时	时间掌握较为准确，超时1min以内	时间掌握一般，超时3min以内	超时5min以内	超时超过5min	
毕业实训内容陈述	40	思路清晰，论点正确，基本概念清楚	思路较为清晰，论点基本正确	思路不够清晰，论点基本正确，存在遗漏	思路比较混乱，勉强能陈述毕业实训大概内容	阐述不清；主要内容，基本概念糊涂	
问题回答情况	50	回答问题有理论根据，对主要问题回答正确、深入	能正确地回答主要问题，分析较为深入	对主要问题的回答基本正确，但分析不够深入	主要问题能答出，或经启发后才能答出，回答问题较肤浅	对主要问题回答有错误，或回答不出	

（3）所有未参加综合实训答辩的学生，其综合实训总评成绩应评定为不合格。

（4）凡综合实训总评成绩不合格的学生，不能获得相应学分。

5.3 答　　辩

5.3.1 答辩流程

（1）参加答辩的学生必须将本人的设计文件（图纸、计算书、软件或媒体资料等）交答辩小组教师评阅。答辩前要上交全部设计作品等，一项不合格者，不予以及格。参加答辩的学生必须事前做好充分准备，如答辩的汇报提纲等。

（2）学生答辩分为两个阶段进行，第一阶段为实训内容介绍，第二阶段为答辩，每个学生答辩时间为10min。首先由学生进行陈述，陈述的内容包括实训的任务及目的和意义、所采用的原始资料或参考文献、实训的基本内容及主要方法、结论和成果、对自己完成实训的评价。陈述时间不超过2min。

（3）陈述后由学生回答教师提出的问题，教师提出5～6个问题，学生逐一回答，回答时可参考资料。提问内容包括要求进一步说明的问题和有关的基本理论及方法、原理等。回答问题的时间不超过8min。

（4）答辩小组对学生答辩过程中的陈述和回答问题情况进行记录，经集体讨论评定学生答辩成绩。

（5）参加答辩的学生要准时入场，不允许迟到、早退、缺席，否则实训答辩记为不合格。

（6）答辩小组组长负责收集学生实训成果及录入成绩。

5.3.2 答辩准备

综合实训答辩的目的就是考察学生的分析和综合归纳能力、理论联系实际的能力和专业方面的潜在能力。因此，学生要认真完成综合实训成果，做好答辩准备。

1. 综合实训上交成果要求

每位同学按照《建设工程工程量清单计价规范》（GB 50500—2013）的格式，独立完成指导老师指定项目的清单及定额工程量，编制相应的价格文件，最后提交胶订的纸质版成果文件。

综合实训成果提交的主要文件内容及顺序为：

封面→编制说明→分部分项工程量清单计价表→措施项目清单与计价表（包括措施项目清单与计价表和总价措施项目清单与计价表）→其他项目清单与计价表（包括其他项目清单与计价汇总表、暂列金额明细表、材料暂估单价表、专业工程暂估价表、计日工表和总承包服务费计价表）→规费、税金项目清单与计价表→分部分项工程量清单综合单价分析表→主要材料价格表→工程量计算书等。

2. 答辩准备及注意事项

在准备答辩时，学生要着重注意以下几个方面内容：

（1）对自己的设计文件要非常熟悉。要熟悉编制工程量清单及计价文件的基础资料，对工程项目的情况能够脱稿讲出来，要避免背诵计算书。

（2）对自己在编制工程量清单和招标控制价过程中出现的问题和难点，要整理出来备用。

（3）有针对性地对一些常见答辩提问做好准备，下面是一些通用问题举例供参考。

1）通过这次综合实训，你主要有哪些收获？哪些部分花费较大精力？

2）你的计算书中还存在哪些不足？如何进行改进？

3）概括介绍编制建筑与装饰工程量清单的步骤。

4）工程量清单的项目编码是怎么编的？

5）规费是如何计取的？

（4）答辩过程中的注意事项。

1）要注意开场白、结束语的礼仪，声音要大而准确，使在场的人都能听到。

2）对答辩老师提出的问题，要迅速作出回应，以自信流畅的语言，肯定的语气，不慌不忙回答每个问题。

3）对答辩老师提出的疑问，要审慎地回答，对有把握的问题要申明理由；对拿不准的问题，不要进行辩解，要实事求是地回答，态度要谦虚。

参 考 文 献

[1] 袁建新．工程造价综合实训［M］．北京：中国建筑工业出版社，2011.

[2] 赵勤贤．建筑工程计量与计价实训［M］．北京：机械工业出版社，2012.

[3] 肖明和，关永冰．建筑工程计量与计价实训［M］．北京：北京大学出版社，2013.

[4] 罗淑兰，程颢．建筑工程预算实训指导书与习题集［M］．北京：人民交通出版社，2011.

[5] 马涛，王秀英．工程量清单计价［M］．北京：中国电力出版社，2016.